だから
昆虫は面白い

くらべて際立つ多様性

東京書籍

はじめに

昆虫の魅力を一言で表現するならば、それは「多様性」である。知られているだけでも１００万種、まだまだ未知の種がたくさんいるので、実際には５００万種とも１０００万種ともいわれている。それらがみんな違う生活をしていて、違う姿をしている。もちろんヒトにも個人差があるように、各種のなかで個体差だってある。「多様性」とは一口に言っても、なんとも底知れないものなのである。

私は昆虫学者ではあるが、そんなわけで、昆虫のことに詳しいなどとは到底言えない。一生かかっても昆虫のことを詳しく知るなど不可能なのである。私が知っていることは昆虫のごくごく一部、氷山の一角どころか氷山のかけらの一部にすぎない。しかし、そんな私でも、年がら年中、熱帯の森へでかけて昆虫を採集したり、仕事柄、毎日膨大な量の昆虫標本を見ており、一般の人よりは虫について学ぶ時間がかなり多い自信はある。

本書の趣旨は虫を並べて見比べてみようというものである。「ただのカミキリムシ」、「ただのスズメガ」というものはいない。各種それぞれに個性があって、似たもの同士だと、並べてみて初めてその個性が際立つこともある。そういった「くらべること」は、さきほど述べた「多様性」を体感するにはいちばんの方法ではないかと思う。

　そして本書では、このような趣旨のもと、私が好きな虫を選んで、分類群ごとにまとめて、並べてみた。私が好きな虫はたくさんあるけれど、そのなかでもとくに、これまでの本で扱われることの少なかった珍虫や隠れた魅力あふれる虫を選んだ。きっと多くの人にとっては新鮮な内容になったかと思う。

　また、まだまだ未知の種がたくさんいると述べたが、その発見を担うのは分類学者という職業である。各所にコラムをはさみ、分類学の希望の星である若者の研究者たちに、いちばん嬉しかった新種の発見談を書いていただいた。これによってもまた「多様性」を体感できればと思う。

だから昆虫は面白い くらべて際立つ多様性

目次

第3章

きれいな虫・おしゃれな虫

本書の見方

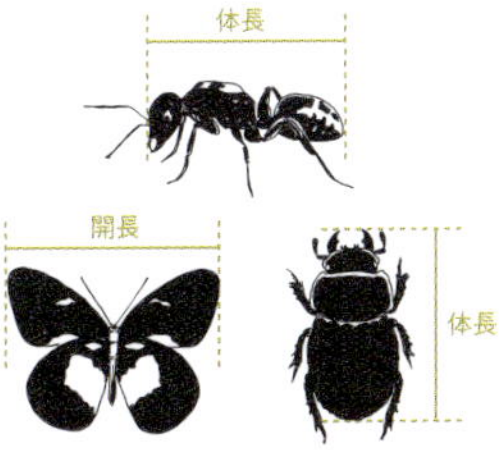

開長：左右の翅を広げた幅。
体長：頭部の先（大あごや吻を含む）から腹部の先（甲虫の場合は、下翅の先）までの長さ。触角や脚は含まれません。
※大きさは標本写真のみ表示。

写真クレジットについて
写真の撮影者名は、各写真キャプションの末尾に記号で記載しています。
※キャプションはすべて著者。
〈M〉 丸山宗利
〈Ko〉 小松 貴
〈Ka〉 柿添翔太郎
〈S〉 島田 拓
〈Y〉 吉田攻一郎

お気に入り

キンランコガネ

Chrysina cunninghami

分類	コウチュウ目
	コガネムシ科（以下同じ）
大きさ	体長40㎜
採集地	パナマ

実物大

表記のある写真は、実物大で掲載しています。

項目内で著者いちばんのお気に入り。

和名（または日本語の愛称）

学名
生物の学名は世界共通で、1種につき一つつけられる固有の名前です。一方、日本に分布していない生物に日本語の名前をつけるのには、とくにルールはありません。本書で紹介する世界各地の昆虫には、まだ日本では あまり知られておらず、和名が定まっていないものがあります。それらには、読者の皆様に親しみをもっていただくために、日本語の愛称を新たにつけました。

分類上の目と科。項目内ですべて同じの場合は、先頭の昆虫に記載しています。

標本写真はその個体の採集地、生態写真は撮影地。

飛べないキリギリス

ブロンズギス

Bradyporus oniscus

分類	バッタ目
	キリギリス科（以下同じ）
大きさ	体長58mm
採集地	ギリシャ

見る角度によって銅色の光沢がある。〈Ko〉

実物大

ケニアトゲトゲギス

Spalacomimus sp.

腹部が黒くて渋い。〈Ko〉

大きさ	体長50mm
採集地	南アフリカ

実物大

クロスジトゲトゲギス

Acanthoproctus cervinus

大きさ	体長52mm
採集地	南アフリカ

胸部のとげがシカの角のよう。学名もその意味。〈Ko〉

キリギリスというと緑色で草の上で鳴く虫を想像するだろうが、世界にはそんな常識からはずれたものも少なくない。ヨーロッパ南部やアフリカの乾燥地帯には飛ぶことをやめて半砂漠を歩きまわるキリギリスがたくさんいる。鳥やトカゲなどからすれば捕まえやすい虫なので、なかには全身をトゲトゲにして身を守っているものもいる。どれもいかつく、かっこいい。じつは私はこのなかまを野外で見たことがなく、いつか捕まえてみたいと思っている。子供のころからコオロギやキリギリスのなかまが好きで、コオロギとキリギリスの中間のようなこれらの虫はとても魅力的に見えるのである。このなかではとくにモロッコトゲトゲギスを手のひらに乗せて歩く様子を見るのが夢である。

お気に入り

実物大

モロッコトゲトゲギス

Eugaster spinulosa

大きさ	体長45㎜
採集地	モロッコ

胸部のゴツゴツした様子や全身の模様がかっこいい。〈Ko〉

実物大

ミナミアフリカトゲトゲギス

Acanthoproctus sp.

大きさ	体長48㎜
採集地	南アフリカ

胸部だけでなく、腹部もとげとげしている。〈Ko〉

恐ろしげなナナフシ

ナナフシというと木の枝のような細くて長い種を想像する人が多いだろう。実際そのようなものが多く、木の枝に隠れるように隠蔽的な生活を送っている。また、なかには木の葉にそっくりになったり、ここにいるヒレアシユウレイナナフシのように萎れた葉の塊のようになったものもいる。このような大人しいナナフシの大部分は、万が一、捕食者に見つかってしまったときには、そのまま食べられてしまったり、脚《あし》を切り落として難を逃れる程度が関の山である。しかしなかには、そういった緊急時に捕食者と戦う術をもつナナフシもいる。パプアナナフシのなかまはニューギニア島周辺だけに生息し、大型でいかつい姿をしている。そして太い後脚《こうきゃく》を持ち、敵に襲われるとそれを振りまわし、クワガタの大顎《おおあご》のように挟んで対抗するのである。

実物大

ツヤパプアナナフシ

Eurycantha immunis

分類	ナナフシ目ナナフシ科
	（以下同じ）
大きさ	体長103㎜
採集地	ニューギニア島

ニスを塗ったようなツヤがある。〈Ko〉

ヒレアシユウレイナナフシ

Extatosoma popa

大きさ　体長165㎜

採集地　ニューギニア島

枯れてクシャクシャになった葉のよう。〈Ko〉

ボルネオオオトゲナナフシ

Haaniella echinata

大きさ　体長105㎜

採集地　ボルネオ島

暗い森の葉の上にいる。〈Ko〉

お気に入り

パプアナナフシ

Eurycantha calcarata

大きさ　体長120㎜

採集地　ニューギニア島

大きくて頑強な姿。〈Ko〉

目玉模様のすごいヤママユ

ヤママユには胴体《どうたい》が太く、体が大きく、そして翅《はね》が大きい立派なものが多い。ガの王様たる一群である。そしてモフモフとして可愛らしいものも多い。そのなかでも目玉模様を持つものはとくによく目立つ。もしかしたら虫の嫌いな人ならギョッとするかもしれないが、もともと鳥などの捕食者をびっくりさせるためにある模様なので、それも当然なのかもしれない。とくにメダマヤママユのなかまは、普段、静止しているときには目玉模様は見えないが、外敵につつかれると目玉模様を突然露わにするという芸当をもつ。突然目玉模様が現れるほうが外敵を驚かす効果が大きいのだろう。なかでもエゲウスメダマヤママユは本当に大きく、迫力がある。

シロオビアフリカヤママユ

Bunaea alcinoe alcinoe

分類	チョウ目ヤママユガ科（以下同じ）
大きさ	開長160㎜
採集地	マラウイ

実物大

鮮やかな白と茶色の対比が見事。〈Ko〉

血塗られたような赤が
少し無気味。〈Ko〉

実物大

アカメダマヤヤマユ

Automeris janus

大きさ　開長125㎜
採集地　フランス領ギアナ

実物大

アンナヤママユ

Caligula anna

大きさ　開長96㎜
採集地　中国

さざ波のような縁の模
様が美しい。〈Ko〉

お気に入り

実物大

エゲウスメダマヤママユ

Automeris egeus

大きさ　開長145㎜

採集地　フランス領ギアナ

パンケーキのような色あい。〈Ko〉

アマンダメダマヤママユ

Automeris amanda subobscura

大きさ　開長80㎜

採集地　エクアドル

とにかく巨大な目玉模様。〈Ko〉

実物大

実物大

ズレイカヤママユ

Caligula zuleika

大きさ　開長123㎜

採集地　インド

下翅のピンクが愛らしい。〈Ko〉

実物大

メソサヤママユ

Salassa mesosa

大きさ　開長145㎜

採集地　タイ

立体感のある目玉模様が迫力。〈Ko〉

猛禽類のようなスズメガ

お気に入り

いちばん感動した種。〈Ko〉

実物大

メイサイスズメ

Eumorpha capronnieri

分類	チョウ目スズメガ科（以下同じ）
大きさ	開長105㎜
採集地	フランス領ギアナ

銀色の紋がある。〈Ko〉

ギンモン
ホウジャクモドキ

Callionima parce

大きさ　開長72㎜

採集地　フランス領ギアナ

木の幹の地衣類のような模様。〈Ko〉

シロモンナンベイ
シモフリスズメ

Manduca alboplagia

大きさ　開長145㎜

採集地　フランス領ギアナ

似た種が同じ場所に３種もいた。〈Ko〉

モモシタ
ホソバスズメ

Adhemarius ypsilon

大きさ　開長118㎜

採集地　フランス領ギアナ

上翅と下翅の対比が美しい。〈Ko〉

ソメワケスズメ

Isognathus tepuyensis

大きさ　開長95㎜

採集地　フランス領ギアナ

スズメガは好きで、昔から集めてきた。太い胴体《どうたい》と細くて大きな翅《はね》が猛禽類《もうきんるい》のようでかっこいいのである。日本語では「スズメ」だが、英語では「タカ（ホーク）」という名前になっているのもうなずける。フランス領ギアナにいったとき、灯火に毎晩百頭以上集まってきて、どれも日本ではなじみのないものなので、喜んで採集した。あまりにもたくさん来るので、きれいな個体だけを選んで採集するという贅沢な経験をした。なかでもお気に入りはメイサイスズメで、迷彩服のような模様の緑色の上翅《じょうし》と、鮮やかな黄色の下翅《かし》が見事である。ウォルカースズメも口吻《こうふん》がとても長くて、それまでマダガスカルのキサントパンスズメという種が世界最長かと思っていたので、びっくりするとともに感動した。

フタスジクチナガスズメ

Neococytius cluentius

大きさ　開長132㎜

採集地　フランス領ギアナ

翅の筋模様がかっこいい。〈Ko〉

ウスオビキモンスズメ

Manduca diffissa tropicalis

大きさ　開長113㎜

採集地　フランス領ギアナ

南米には腹部に黄色い斑点のあるスズメガが多い。〈Ko〉

ウォルカースズメ

Amphimoea walkeri

大きさ　開長148㎜

採集地　フランス領ギアナ

とにかく口吻が長く、25cm以上ある。〈Ko〉

ナンベイホソバスズメ

Protambulyx goeldii

大きさ　開長103㎜

採集地　フランス領ギアナ

日本にもいそうな雰囲気の種。〈Ko〉

実物大

アオシタスズメ

Eumorpha anchemolus

大きさ　開長140㎜

採集地　フランス領ギアナ

薄青く輝く下翅が美しい。〈Ko〉

ミドリコスズメ

Xylophanes chiron nechus

大きさ　開長78㎜

採集地　フランス領ギアナ

日本にいるコスズメなどに似ているが、色鮮やかで美しい。〈Ko〉

キシタスズメ

Pachylia ficus

大きさ　開長115㎜

採集地　フランス領ギアナ

これも黄色い下翅が美しい。〈Ko〉

ツキモン クチナガスズメ

Amphonyx lucifer

大きさ　開長149㎜

採集地　フランス領ギアナ

大きくて見事。〈Ko〉

毒々しいカザリシロチョウ

シロチョウという名のとおり、モンシロチョウと同じシロチョウ科に属する。まだ詳しく研究はされていないが、体に強い毒を持ち、そのために目立つ毒々しい色合いをしていると考えられている。最近の研究では、同じシロチョウ科のツマベニチョウなどでも強い毒を持つことがわかっているので、カザリシロチョウも毒を持つと考えて間違いないだろう。亜熱帯アジアからニューギニア、オーストラリアにかけて広く分布するが、とくにニューギニアで大繁栄しており、多くの種が生息している。黒を基調に赤や白、黄色の模様を持つ種が多く、強烈な毒々しさと同時に、悪女に見るような不思議な美しさも感じる。とくにゼブラカザリシロチョウは放射状の赤い筋模様があり、独特な雰囲気を持っている。

アカネカザリシロチョウ

Delias pasithoe thyra

分類	チョウ目シロチョウ科 （以下同じ）
大きさ	開長78mm
採集地	タイ

アジアの温かい地域に普通に見られる。〈Ko〉

アブロポラカザリシロチョウ

Delias abrophora

大きさ	開長42mm
採集地	インドネシア （イリアンジャヤ）

後翅の赤い斑点が魅力。〈Ko〉

アパテラカザリシロチョウ

Delias apatela

大きさ	開長55mm
採集地	インドネシア （ブル島）

後翅の橙色があでやか。〈Ko〉

ゼブラカザリシロチョウ

お気に入り

Delias zebra

大きさ　開長51mm
採集地　インドネシア
（イリアンジャヤ）

紅白で、おめでたい雰囲気でもある。〈Ko〉

ネアグラカザリシロチョウ

Delias meeki neagra

大きさ　開長62mm
採集地　インドネシア
（イリアンジャヤ）

いかにも毒々しい色調。〈Ko〉

ショーニックカザリシロチョウ

Delias schoenigi

大きさ　開長58mm
採集地　フィリピン
（ミンダナオ島）

このなかまには珍しく、やさしい色あい。〈Ko〉

カリスタカザリシロチョウ

Delias callista callipareia

大きさ　開長50mm
採集地　インドネシア
（イリアンジャヤ）

赤い丸の模様が不気味。〈Ko〉

アルナカザリシロチョウ

Delias aruna

大きさ　開長73mm
採集地　インドネシア（バチャン島）

妖艶なドレスのよう。〈Ko〉

巨大なノコギリカミキリ

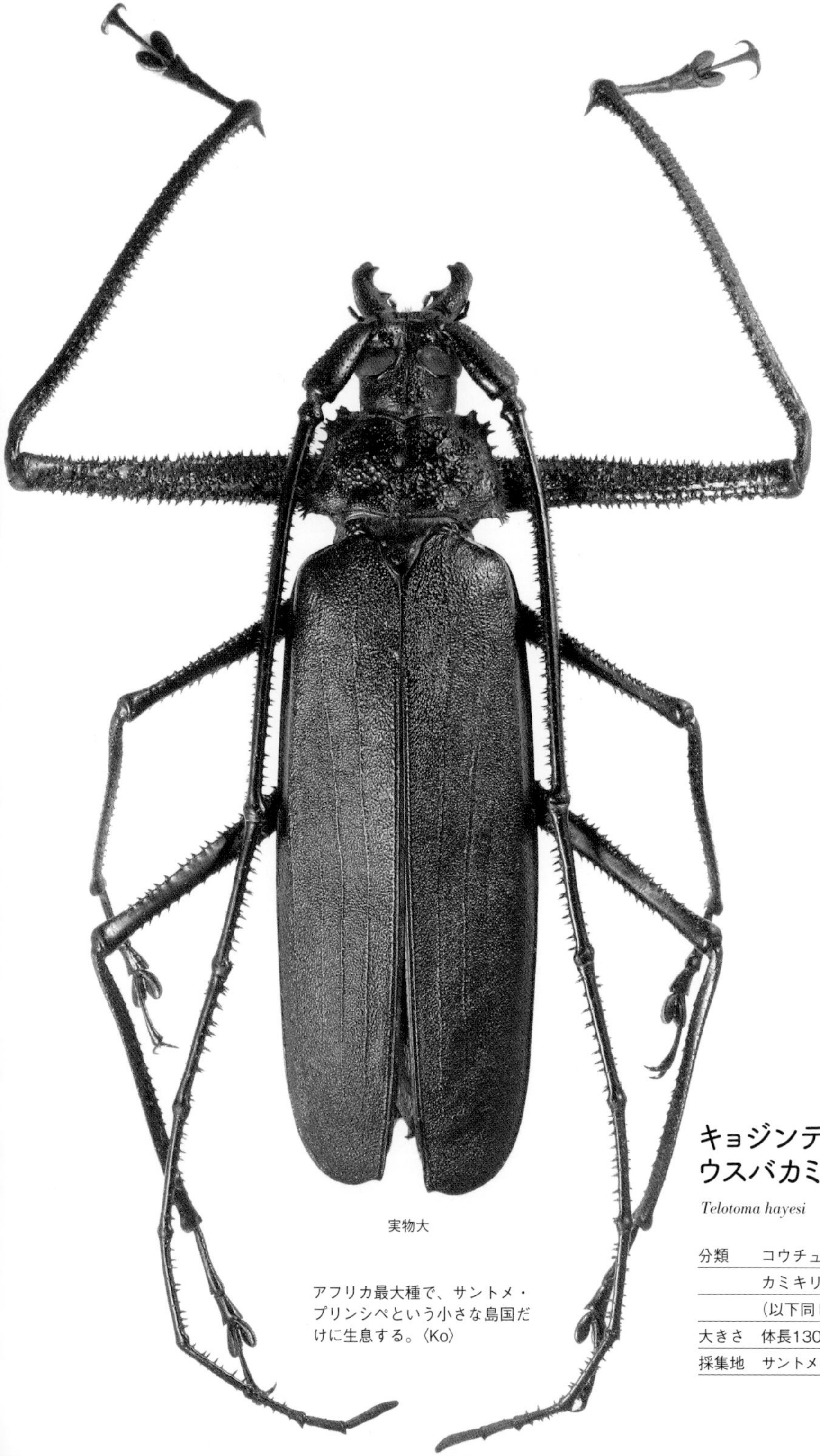

実物大

キョジンテナガウスバカミキリ

Telotoma hayesi

分類	コウチュウ目
	カミキリムシ科
	（以下同じ）
大きさ	体長130㎜
採集地	サントメ・プリンシペ

アフリカ最大種で、サントメ・プリンシペという小さな島国だけに生息する。〈Ko〉

実物大

カミキリムシは美しいものや珍しいものが多いことから収集家が多い。いくつかの分類群に大別されるが、ここに取り上げたのはノコギリカミキリ亜科という原始的ななかまで、大部分の種は夜行性で、成虫になると何も食べない。虫のことをよく知らない人たちからは、ゴキブリに似ているなどとも言われてしまう。しかし私にとってはいちばん好きなカミキリムシのなかまである。粗造りな様子、原始的な雰囲気がかっこいいのである。２０１６年の2月、ツノゼミを採りに南米のフランス領ギアナに出かけた。ちょうどこの時期はタイタンオオウスバカミキリが出るというので、それにも少し期待していた。そしてある大雨の夜、とても大きな個体が灯火に飛来した。手のひらにおさまらない巨大さに心底驚いた。純粋な体長からすれば間違いなく世界最大の甲虫である。この夜の感激は一生忘れないだろう。

タイタンオオウスバカミキリ

Titanus giganteus

大きさ　体長150㎜
採集地　フランス領ギアナ

著者が自分で捕まえたもの（写真上・左とも）。とても大きくてびっくりした。〈上 Ko、左 M〉

ルニコリスハネビロ
オオウスバカミキリ

Xixuthrus lunicollis

大きさ　体長127㎜

採集地　インドネシア（ブル島）

アジア最大のカミキリムシで、この種も小さな島だけに生息する。〈Ko〉

実物大

実物大

インドクワガタ
ウスバカミキリ

Acanthophorus serraticornis

大きさ　体長108㎜

採集地　インド

インドに生息し、雄はまるでクワガタのような立派な大顎をもつ。〈Ko〉

オオキバウスバカミキリ

Macrodontia cervicornis

大きさ　体長110mm

採集地　ペルー

大きな大顎がとにかく立派。大型個体では大顎はもっと大きくなる。〈Ko〉

実物大

実物大

トゲムネオオカミキリ

Enoplocerus armillatus

大きさ　体長115mm

採集地　ペルー

南米を代表する大型種の一つ。〈Ko〉

珍種のクワガタ

クワガタというと立派な大顎《おおあご》をもつ虫を想像するだろうが、実際にはそうでないクワガタもたくさんいる。またクワガタに関してはいくつもの図鑑や本が出ているが、あまりに珍しく、それらの本で図示されたことのないものも多い。ここではクワガタらしくない種で、しかもあまり本に出ていないものを選んで集めてみた。とくにマレーヒラアゴクワガタは、このようなきれいな標本が図示されたことはかつてない。このなかにはシロアリの巣、絶海の孤島、地球の果ての山頂だけにいるものもいる。どれもとても得難いもので、もしかしたら行けば採れるのかもしれないが、気軽に狙うわけにはいかないものばかりで、夢を掻き立てる魅力がある。

オオツメカクシクワガタ

Brasilucanus alvarengai

分類	コウチュウ目
	クワガタムシ科
	（以下同じ）
大きさ	体長9.5㎜
採集地	フランス領ギアナ

シロアリの巣に住むようだが、詳しいことはわかっていない。〈Ka〉

マレーヒラアゴクワガタ

Torynognathus chrysomelinus

お気に入り

大きさ	体長7.1㎜
採集地	マレー半島

これまで数頭しか知られていない珍種。最近、複数個体の採集に成功した。〈Ka〉

ネッタイマダラクワガタ

Echinoaesalus yongi

大きさ	体長3.9㎜
採集地	マレー半島

クワガタとは思えない小さな種で、朽木の中に住んでいる。〈Ka〉

プリモスマルガタクワガタ

Colophon primosi

大きさ　体長31㎜
採集地　南アフリカ

実物大

南アフリカの限られた岩山に住む。おかしな大顎をもっている。〈Y〉

チビマルネブトクワガタ

Microlucanus greensladeae

大きさ　体長10.2㎜
採集地　ソロモン島

ソロモン島だけにいる地味ながら変わった種。〈Ka〉

実物大

ニセネブトクワガタ

Agnus egenus

大きさ　体長9.9㎜
採集地　レユニオン島

レユニオン島の特産種で、とても珍しい。〈Ka〉

マレーツメカクシクワガタ

Penichrolucanus copricephalus

大きさ　体長6.8㎜
採集地　マレー半島

シロアリの巣で発見されている。〈Ka〉

巨大なオサゾウムシ

オサゾウムシはアジアに繁栄するゾウムシの一群で、いわゆるただのゾウムシとは別の科、オサゾウムシ科を形成する。ここに図示したのはそのなかでも最大級のもので、とくにタイショウオサゾウムシは広い意味のゾウムシ類のなかで世界最大の種である。じつは米に発生するコクゾウムシもオサゾウムシのなかまで、小さなものから大きなものまでさまざまであることがよくわかる。テナガオサゾウムシのなかまは雄《おす》の手が長く、雌《めす》をめぐって雄同士で戦うために発達しているようだ。どの種も体内に油分が多く、標本が変色しやすいのが残念である。生きているときにはもっと彩り豊かな模様をしている。

実物大

マレーテナガオサゾウムシ

Mahakamia kampmeinerti

分類	コウチュウ目
	オサゾウムシ科（以下同じ）
大きさ	体長75㎜
採集地	マレー半島

標本が新鮮なときには橙色の筋模様があり、「手」も黄色い。世界最長のゾウムシで、珍種。〈Ko〉

実物大

インドテナガオサゾウムシ

Cyrtotrachelus dux

大きさ	体長55㎜
採集地	インド

これも生きているときには鮮やかな黄色の筋がある。〈Ko〉

タイショウオサゾウムシ

Protocerius colossus

大きさ　体長85㎜

採集地　マレー半島

世界最大のゾウムシ。脚の力が強く、掴まれると手に穴が開く。〈Ko〉

お気に入り

実物大

実物大

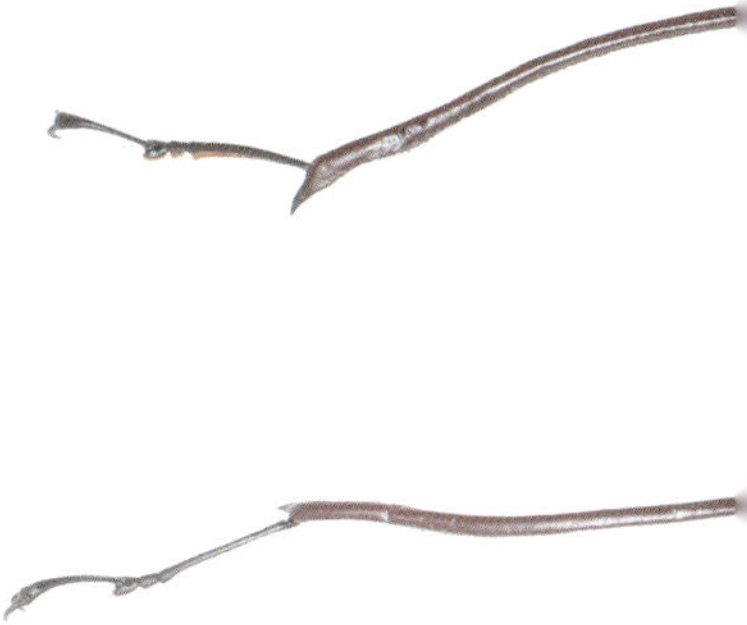

ムツモンオオオサゾウムシ

Omotemnus princeps

ベルベットのような風合いがある。〈Ko〉

大きさ　体長65㎜

採集地　マレーシア（ボルネオ島）

実物大

ジャワテナガオサゾウムシ

Macrocheirus praetor

大きさ　体長58㎜

採集地　インドネシア（ジャワ島）

手の長いオサゾウムシにはタケやヤシを食べるものが多い。〈Ko〉

彫刻のような糞虫

お気に入り

ダイコクコガネ

Copris ochus

分類	コウチュウ目
	コガネムシ科
	（以下同じ）
大きさ	体長28.5㎜
採集地	日本

日本を代表する糞虫。この見開きはダイコクコガネのなかま。〈Ka〉

マルチナダイコクコガネ

Copris martinae

大きさ	体長24㎜
採集地	タンザニア

前胸にある鋭く長い角が見事。〈Ka〉

ジュウジダイコクコガネ

Copris laius

大きさ	体長23㎜（雄）
	25㎜（雌）
採集地	ブルキナファソ

実物大（雄）

実物大（雌）

雌にも角があり、十字型をしている。〈Ka〉

マレー ダイコクコガネ

Copris bellator

大きさ　体長31.5㎜
採集地　マレー半島

世界最大のダイコクコガネ属（*Copris*）の種。〈Ka〉

マルダイコクコガネ

Copris brachypterus

大きさ　体長17.5㎜
採集地　日本

奄美大島と徳之島だけに生息し、アマミノクロウサギの糞を食べる。飛べない。〈Ka〉

イスパニア ダイコクコガネ

Copris hispanus

大きさ　体長26㎜
採集地　スペイン

『ファーブル昆虫記』に登場する。〈Ka〉

糞虫はその名のとおり動物の糞《ふん》に集まる。遠くから匂いを感知して、飛んでくるものが多い。そして、糞を巣穴に埋めてから食べたり、夫婦で糞玉をつくり、そこに産卵《さんらん》したりする。同じ場所に糞を奪い合う同種の競争者が多いことから、ときに戦いとなる。そのため、多くの糞虫《ふんちゅう》には立派な角や突起がある。もしみんな同じように戦うのであれば、似たような機能的な角を持てば良いと思うのだが、角の形は種によって千差万別で、こんな角が本当に役に立つのかと思わせるものもある。多くの種では雄《おす》だけに角があるが、一部の種では雌《めす》にも立派な角があったり、雌だけに角がある場合もある。雌雄《しゆう》の役割が違うのであろう。日本にもダイコクコガネという立派なものがいて、牧場のウシの糞に見られることが多かったが、近年、ウシの駆虫薬の影響で全国的に激減している。

トナカイツノナガエンマコガネ（緑色型）

Proagoderus rangifer

分類	コウチュウ目
	コガネムシ科（以下同じ）
大きさ	体長12.5㎜
採集地	タンザニア

実物大

トナカイのように立派な角。この見開きはエンマコガネのなかま。〈Ka〉

シタツノエンマコガネ

Onthophagus nigriventris

大きさ	体長17.5㎜
採集地	ケニア

どう使うのか、角が下方に向いている。〈Ka〉

トナカイツノナガエンマコガネ（赤色型）

Proagoderus rangifer

大きさ	体長14㎜
採集地	タンザニア

上記の種の赤色型。〈Ka〉

ムホツノナガエンマコガネ

Proagoderus mouhoti

大きさ　体長17.5㎜
採集地　タイ

タイの有名種。〈Ka〉

エグレツノナガエンマコガネ

Proagoderus panoplus

大きさ　体長13.5㎜
採集地　タンザニア

胸に大きな穴と突起がある。〈Ka〉

アラハダツノナガエンマコガネ

Proagoderus gibbiramus

大きさ　体長22㎜
採集地　タンザニア

ザラザラとして渋味がある。〈Ka〉

ボッテゴツノナガエンマコガネ

Proagoderus bottegi

大きさ　体長16㎜
採集地　エチオピア

胸部に一対の鋭い角。〈Ka〉

エダツノナガエンマコガネ

Proagoderus ramosicornis

大きさ　体長11㎜
採集地　ケニア

美しい紫色。〈Ka〉

大きな糞虫・小さな糞虫

オウサマナンバンダイコクコガネ

Heliocopris dominus

ゾウの糞を専門に食べる。〈M〉

分類	コウチュウ目
	コガネムシ科
	(以下同じ)
大きさ	体長68㎜
採集地	タイ

世界最大

実物大

メクラミジンシロアリコガネ

Termitotrox cupido

大きさ	体長1.1㎜
採集地	カンボジア

シロアリの巣に住んでいる。天使の羽を思わせる模様が学名の由来。〈M〉

お気に入り

世界最小

実物大

世界最大の糞虫《ふんちゅう》と世界最小の糞虫(食糞性《しょくふんせい》コガネムシ類)を並べてみた。前者は大きな体にふさわしく、ゾウの糞《ふん》を専門に食べる。夫婦でゾウの糞の下に穴を掘り、糞をまるめて球をつくり、そこに産卵《さんらん》する。幼虫はその「ゆりかご」を食べて成長するのである。後者は食性からすると糞虫ではないが、分類群として「糞虫」に含められるもので、実際にはシロアリの巣に生息する。私が新種として発表した思い出深い虫で、あとで述べるように発見時には飛びあがらんばかりに狂喜したものである。上翅《じょうし》に天使の羽のような模様があり、そのことからキューピッド(*cupido*)と名づけた。見つけただけでもうれしかったのだが、そのあとで、世界最小の糞虫であり、最小のコガネムシでもあるとわかり、二度

大きさ比較

標本を同じ比率で拡大してみた。オウサマナンバンダイコクコガネをこれだけ大きくしても、メクラミジンシロアリコガネはまだこんなに小さい。

オウサマナンバンダイコクコガネ

メクラミジンシロアリコガネ

大喜びしたものだった。私にとってはまさに天使だった。

洞窟に住む眼のない甲虫

生物の体にあるものは、たいてい何らかの必要性がある。逆に、必要性をもたなければ、体から消え去ってしまう。それを退化という。洞窟のような暗闇に生息すると、眼でものを見る必要がなくなる。そのため、洞窟の環境によく適応した動物のほとんどは眼を退化させており、まったくなくなってしまったものも少なくない。さらに脚《あし》が長くなったり、眼の代わりに長い感覚毛を持つなど、変わった姿になるものが多い。その代表がここにあげたメクラチビゴミムシやメクラチビシデムシのなかまであり、とくに東ヨーロッパ南部の洞窟に住むものは形態が著しく特殊化している。形だけでなく、ハラボテアシナガメクラチビシデムシなどは、卵を一つだけ産み、孵《ふ》化《か》した幼虫は何も食べずに成虫まで成長するというすごい生活史をもつ。餌の乏しい洞窟で、歩行能力の低い幼虫が餌探しに苦労しないよう、母親は卵に最大限の栄養を詰め込むのである。

ハラボテアシナガメクラチビシデムシ

Leptoderus hochenwarti

分類	コウチュウ目
	タマキノコムシ科
大きさ	体長7.8mm
採集地	スロベニア

卵を1回に1つだけ産む。究極の洞窟性昆虫。〈M〉

ブレシュオオズアシナガメクラチビゴミムシ

Pheggomisetes bureschi

分類	コウチュウ目オサムシ科
大きさ	体長9㎜
採集地	ブルガリア

大きな頭と薄い飴色が魅力的。〈M〉

ビリメクオオメクラチビゴミムシ

Typhlotrechus bilimeki istrus

分類	コウチュウ目オサムシ科
大きさ	体長11.5㎜
採集地	スロベニア

このなかまとしては超大型種。〈M〉

特殊化の程度はそれほど高くない。〈M〉

ドウクツメクラチビシデムシ

Spelaetes grabowskii

分類	コウチュウ目
	タマキノコムシ科
大きさ	体長5.5㎜
採集地	クロアチア

ホソミアシナガメクラチビシデムシ

Astagobius angustatus laticollis

分類	コウチュウ目タマキノコムシ科
大きさ	体長6㎜
採集地	スロベニア

上記の種よりは、特殊化している。〈M〉

私が見つけた！

うれしい新種

種名

ビーナスメクラシロアリコガネ

Termitotrox venus Kakizoe & Maruyama, 2015

（コガネムシ科）

発見者

柿添翔太郎
九州大学システム生命科学府
修士課程2年

この虫は、アンコール遺跡で有名なカンボジアのシェムリアップ周辺で、キノコを栽培するシロアリの巣に居候しているコガネムシである。

この虫を発見する2年前、九州大学総合研究博物館の丸山宗利先生が、カンボジアから同じ生態をもつ2種の変わったコガネムシを発表していた。私はそれらの種の調査を行うため、先生の出張に合わせてカンボジアへ降り立った。

カンボジアに着いて間もなく、先生から調査方法を指導していただいた。この時、新種が見つかりやしないかと期待していたのだが、そのことを先生に告げると、あっさり否定されてしまった。先生方が既に綿密に調査した地域なので当然である。

しかしその2日後、期待は現実になった。新種が見つかったのだ。最初は土の塊かと思ったが、気になって手の上に載せていると、むくむくと動き出した。巣の中のゴミ溜めにしか居ないという生態が見過ごされてきた原因だった。

すぐに先生にその旨を電話で伝えた。先生の声から驚きと動揺が伝わってきて、感謝の気持ちと同時に、すごく気分が良かったのを覚えている。その夜、虫を囲んでアンコールビールで乾杯した。

帰国後、先生の丁寧な指導のおかげで、どうにか論文を書き上げ、発表することができた。幼いころからの夢の一つである「虫の新種を見つけて発表すること」が叶った瞬間だった。

ビーナスメクラシロアリコガネ。

写真／本人提供（2点とも）

昆虫column①

昆虫の和名について

私は海外の昆虫について紹介する場合でも、できるだけ和名をつけるようにしている。親しみをもってもらうという意味もあるが、適切に特徴をとらえた和名であれば、それから受ける印象、和名が含む情報によって、読者がその昆虫に対する認識を深めることができるからである。たとえば和名に「トゲトゲ」とついていれば、「なるほど、トゲがたくさんあるな」という視点も生まれる。

和名といえば、最近は生物における「差別用語を含む和名」が話題となっている。魚類などではメクラウナギが「ヌタウナギ」になったり、イザリウオが「カエルアンコウ」になったりしている。もちろん、和名はあくまで呼称の一つ（それに対して学名は世界共通の学術名）であり、一般の人が学会の方針にしたがう必要はまったくないが、私からすればなんとも不思議な事態である。たとえば「いざり」は、足の不自由な人が、手を使って足を引きずるように進む様子を示すそうだが、そんな死語を知っている日本語話者がいったい何％いるのだろうか。「めくら」もそうだが、いまの時代、そんな言葉が障碍者《しょうがいしゃ》を差別するものになるのだろうか。「差別用語」という言い方、そしてその判断自体に疑問が残る。

幸い、昆虫の世界では、あまり目立った動きはなく、いまだに「メクラチビゴミムシ」が使われている。これらの昆虫が人間生活に縁遠いということも関係しているのだろう。残念ながら日本昆虫学会でも変えるべきだという意見もあるが、私は断乎として反対する。理由はいくつもあるが、そもそも、差別は言葉そのものに宿るものではない。使う人の心の中にあるものであって、どんな言葉を使おうが、差別になるときにはなるし、ならないときにはならない。「めくら」を「めなし」に変えたところで、視覚障碍者を差別する人が使ったら、使い方次第でたちまち「めなし」も差別用語に変化する。メクラチビゴミムシが怒りだしたならともかく、あくまで生物の特徴に対して使われている言葉に対して、「差別用語撤廃！」などと神経質になるのは何ともバカげた話しではないだろうか。「言葉自体を抹消すべき」という人もいるようだが、逆に生物名に使われなくなった言葉が残存するというのは、それはそれで面白いのではないかとも思う。生物名における差別用語の排除は、私にはどうも言葉狩りに思えてならない。

（丸山宗利）

変わったカマキリ

カマキリというと緑色か茶色で、よくいるオオカマキリなどの姿を想像する人が多いだろう。実際、日本のカマキリはどれも似たような基本設計をしている。しかし、熱帯に行くとすごいカマキリがたくさんいる。花に似せたもの、木の枝に似せたもの、枯れ葉に似せたもの、コケに似せたものなどである。熱帯ではカマキリ自体が鳥などの捕食者に狙われやすいのと、環境自体が多様であるため、真似る対象がさまざまあるからであろう。また餌となる昆虫の種数も豊富で、特定の昆虫を狙うために、その昆虫の住む特定の環境に溶け込むということもあるのかもしれない。いちばん有名なのは花に擬態《ぎたい》したハナカマキリで、植物の葉や花の上にとまり、花と間違えてやってきた昆虫を捕まえて食べる。また、最近の研究では、ミツバチをおびき寄せる物質を出すこともわかっている。すごいカマキリである。

クビナガカマキリ

Euchomenella sp.

分類	カマキリ目カマキリ科
撮影地	タイ

とにかく細長く、枯枝にそっくり。〈Ko〉

怒っている。背面から
見ると枯葉そっくり。
〈Ko〉

ヒシムネカレハカマキリ

Deroplatys lobata

分類	カマキリ目カマキリ科
撮影地	マレー半島

アフリカキノハダカマキリ

Theopompella sp.

分類　カマキリ目キノハダカマキリ科
撮影地　カメルーン

木の幹でアリを食べている。とても平たい。〈Ko〉

ホソミコケカマキリ

Carrikerella sp.

分類　カマキリ目コケカマキリ科
撮影地　ペルー

コケの中にまぎれて生活している。〈Ko〉

マオウカレハカマキリ

Parablepharis kuhlii kuhlii

分類	カマキリ目ハナカマキリ科
撮影地	タイ

とても珍しい種で、珍種の風格がある。〈Ko〉

エボシカマキリ

Ceratocrania macra

分類	カマキリ目ハナカマキリ科
撮影地	タイ

頭に小さな角がある。〈Ko〉

お気に入り

ハナカマキリ

Hymenopus coronatus

分類	カマキリ目ハナカマキリ科
撮影地	タイ

花などの上で待ちぶせして、他の虫をとらえる。〈Ko〉

メダマカマキリ

Creobroter sp.

分類	カマキリ目ハナカマキリ科
撮影地	タイ

背中に目玉模様。〈Ko〉

擬態するキリギリス

キリギリスは擬態の名人である。基本的にすべての種が何かをまねているといってもよい。多くは植物体のまねをしていて、木の葉、草、コケ、さらには地衣類などさまざまである。もちろん、このように植物をまね、植物に紛れこむことによって、捕食者から見つからないようにしている。ものまねの方法は千差万別で、なかには手の込んだものもいる。とくに南米のものが完成度が高い。

南米は他の擬態昆虫（毒のある虫にまねるなど）でもよくできたものが多いので、おそらく捕食者の目が肥えていて、が他の地域より厳しいのだろう。ムシクイマルバネギスのなかまは中南米に多く、どれも本当によくできている。昼間に見つけるのは本当に困難で、夜に葉の上にいるのを懐中電灯で照らすと、植物との葉の違いが際立ち、ようやく見つけることができる。

虫食いの様子が迫真に迫っている。〈Ko〉

ムシクイマルバネギス お気に入り
Cycloptera speculata

分類　バッタ目
　　　キリギリス科
　　　（以下同じ）

アカシアツユムシ

Terpnistria zebrata

撮影地　ケニア

アカシアの木におり、アカシアの葉が複雑に重なり合う様子にそっくり。〈Ko〉

アナアキクツワモドキ

Ancylecha fenestrata

撮影地　タイ

虫が食べた穴のような
模様がある。〈Ko〉

チイツユムシ

Trachyzulpha fruhstorferi

撮影地　マレー半島

木の幹に生える地衣類
にそっくり。〈Ko〉

葉に似せていて、休む時はこのようにひらべったくなって、葉と一体化する。〈Ko〉

ヒラタツユムシの一種

Pseudophyllinae gen. sp.

撮影地　マレー半島

クジャクギス

Pterochroza ocellata

撮影地　ペルー

翅をひろげると後翅に目玉模様がある。〈Ko〉

カマキリとは赤の他人のカマキリモドキ

アミメカゲロウ目という完全変態の高等な昆虫に属する。「カゲロウ」とは名のつくもののいわゆるカゲロウは原始的な不完全変態昆虫で、きわめて縁遠い。アミメカゲロウ目にはツノトンボやウスバカゲロウなど、縁もゆかりもない他の昆虫の名前を含む名称のものが多いが、そしてきわめつけはこれらカマキリモドキである。当然、カマキリとはまったく関係がない。ただ、その名前は見当違いなものではなく、たしかにカマキリに似ていて、立派な鎌を持っているのである。基本的に全身はハチに似せているが、上半身はカマキリにも似せているという何とも不思議な虫なのである。また生態も変わっていて、一部の種の幼虫がクモの卵嚢《らんのう》に寄生することがわかっている。孵化《ふか》したばかりの幼虫はクモの背中に乗って、そのクモが産卵《さんらん》する機会を待つという例もある。タイで見つけたハチマガイカマキリモドキは本当にハチそっくりで、しかも大きくてかっこいい。

サバク カマキリモドキ

Mantispidae gen. sp.

分類	アミメカゲロウ目
	カマキリモドキ科
	(以下同じ)
撮影地	ケニア

半砂漠で灯火に飛来した。砂っぽい色あい。〈Ko〉

オオカマキリモドキ

Climaciella magna

撮影地　日本

晩夏に出現する珍しい種。〈Ko〉

お気に入り

ハチマガイ
カマキリモドキ

Euclimacia sp.

撮影地　タイ

現地にいるアシナガバチの本当によく似ている。〈Ko〉

ナンベイヒメ
カマキリモドキ

Mantispidae gen. sp.

撮影地　ペルー

首が細長い。〈Ko〉

コシアカ
カマキリモドキ

Mantispidae gen. sp.

撮影地　タイ

とても小さいが美しく
可憐。〈Ko〉

オオイクビ
カマキリモドキ

Euclimacia badia

撮影地　台湾

これまたハチそっくり。
色彩の変異が激しい。
〈Ko〉

目玉の飛び出たシュモクバエ

お気に入り

ヒメシュモクバエ

Sphyracephala detrahens

分類	ハエ目シュモクバエ科（以下同じ）
撮影地	日本

こんな虫が日本にいてよかった！〈Ko〉

日本国内（八重山諸島）にいるヒメシュモクバエの正面からの顔面アップ。棒のように突き出た左右の端に複眼がある。〈Ko〉

川沿いにいる。〈Ko〉

小さな奇虫として有名である。「シュモク」とは「撞木」のことで、鐘を打ち鳴らす丁字形の棒のことである。目が離れてそのような棒のような姿をしていることからこの名がある。この眼にはいくつかの意味があって、その一つに雄《おす》同士で向かい合い、目が離れているほうが勝ち、雌《めす》と交尾ができるということがある。雌は目が離れている雄を好む。

なかにはとても目が離れていて、生活に不便なのではないかと思われる種もいる。日本の八重山諸島にもヒメシュモクバエという小型ながら立派なシュモクバエがいる。日本にこのような奇虫がいるのはなんとも嬉しいことではないだろうか。もし西表島などに行く機会があれば、渓流のそばの葉の上や石の上を見て欲しい。おそらく簡単に見つかるだろう。

少し渋い風合い。〈Ko〉

ケニアツヤケシシュモクバエ

Cyrtodiopsis sp.

撮影地　ケニア

痛い！イラガの幼虫

変な形。毒の有無は不明である。左下が頭。〈Ko〉

ウストビイラガ

Ceratonema sericeum

分類	チョウ目イラガ科 （以下同じ）
撮影地	日本

イラガの一種の幼虫

Limacodidae gen. sp.

撮影地　ベトナム

ゴムのおもちゃのような色。〈Ko〉

私は毛虫というものが苦手で、昆虫学者にあるまじきことであるが、見つけると目をそむけてしまうことが多い。ところがそれくらい苦手なのに、誰よりも先に見つけてしまうのである。普段から間違えて毛虫に触ってしまったりしないように、つねに毛虫の存在に気を配っているからなのだろう。そんな私でも、見つけるとついつい遠めに眺めてしまう毛虫がいる。それはイラガの幼虫である。猛毒をもつトゲをもっていて、その実力を誇示するかのように恐ろしげな配色と姿をしている。よくここまで恐ろしげな姿になれるものだと感心してしまうのである。誰がどう見ても毒を持っているとわかる配色であり、おそらく多くの鳥やトカゲもおなじような気持ちになるに違いない。生物の本能に訴えかける恐ろしさなのである。ケニアのものは私が見つけたもので、ご丁寧にショッキングピンクの点の縁取りまであって、芸の細かさに舌を巻いた。

イラガの一種の幼虫

Limacodidae gen. sp.

撮影地　インドネシア（ジャワ島）

いかにも痛そうに見える。〈Ko〉

テングイラガ

Microleon longipalpis

撮影地　日本

軽くふれると、とても硬い。アクリル製品のよう。〈Ko〉

お気に入り

イラガの一種の幼虫

Limacodidae gen. sp.

撮影地　ケニア

5cmくらいあり、このなかまとしては巨大で、すごい色合いとともに度肝を抜かれた。〈Ko〉

イラガの一種の幼虫

Belippa sp.

撮影地　マレー半島

水まんじゅうみたいな姿で、このなかまは無毒。〈Ko〉

私が見つけた！
うれしい新種

種名

ジャゴケシトネアブ

Litoleptis japonica Imada & Kato, 2016

（シギアブ科）

発見者

今田弓女
京都大学大学院
人間・環境学研究科博士課程3年

本種は、ジャゴケというコケなしには生きられない。成虫は小さくてあまり飛ばず、ジャゴケの周辺を歩き回る。メス親はジャゴケの葉状体表面に産卵し、幼虫はジャゴケの葉状体の組織内部に潜ってそれを食べる。日本で発見された同属の種はみな、それぞれ特定のコケに特化した生活を送る。本種の属する*Litoleptis*属は世界でわずか4種からなる大変珍しい属で、生活史が不明だった。私は京都大学の加藤真教授とともに日本の各地で本属の6新種を発見し、コケに依存する特異な生活史を初めて明らかにした。

シトネアブ研究は思いがけず始まった。幼少期からガが好きだった私は、京大に入学後、コバネガという最も原始的なガ類について研究していた。日本のコバネガの多くはジャゴケを食べるため、この幼虫を食草のジャゴケごと採って飼育していると、小さなアブがコバネガよりも数週間早くコケから羽化してきた。修士1年のとき、コケに潜葉するアブ群は外見が互いによく似ているものの、産地や幼虫の食草種によって触角の形が違うことに気づいた。この日、誰も知らない未知の多様性を垣間見た興奮は忘れられない。だが当初はハエに関してまったく無知だったので、ハエの形態分類を独学するのは厳しい道のりだった。論文が受理されたとき、ようやくアブの研究者として一歩を踏み出せたと思った。

ジャゴケの葉状体に産卵を終えたばかりのジャゴケシトネアブのメス。

写真／本人提供（2点とも）

種名

リュウキュウアシナガスカシバ

Teinotarsina aurantiaca Yagi, Hirowatari & Arita, 2016

（スカシバガ科）

発見者

屋宜禎央

九州大学大学院生物資源環境科学府
修士課程2年

リュウキュウアシナガスカシバ（新称）は、開張3センチ程度の後脚の長い、ハチに擬態したガの一種で、熱帯アジアを中心に生息する *Teinotarsina* 属に含まれます。本種は2015年に私が沖縄島で発見しました。日本でこの属が採集されるのは初めてで、台湾やベトナムに生息する近縁種にくらべ、より赤色化しているのが特徴です。このスカシバガの発見はまったく予期されなかったため、大きな話題となりました。

私はもともと、モグリチビガという、幼虫は葉の中に潜って生活するガを採集するために沖縄島で調査を行っていました。その調査中に、偶然近くをハチのような虫が飛んでいるのを発見しました。ゆっくり飛んでいるところを、目を凝らして見てみると明らかに今まで見たことのないスカシバガではないかと思い、慌てて採集しました。モグリチビガはなかなか採集できずに苦しんでいたときだったので、このスカシバガ1個体を捕まえることができて本当に救われた気持ちになりました。採集後、調べてみると予想どおり新種のスカシバガであることがわかり、論文を書くことにしました。これが、私にとって初めての学術雑誌への投稿で、勉強することも多く、思ったより時間がかかりました。しかし、論文が受理・出版されたあとには、ようやく研究者としての第一歩を踏み出すことができたのだな、としみじみと感じました。

リュウキュウアシナガスカシバ。

写真／本人提供（2点とも）

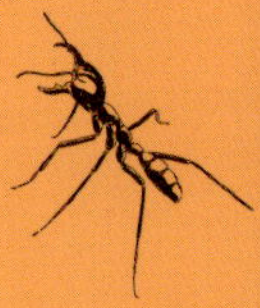

トゲトゲしいトゲアリ

東南アジアを中心に繁栄するアリの一群で、なかにはトゲのないツルっとしたものもいるが、たいていはトゲを生やしている。また、これでもかと体のあちこちからすごい形をしたトゲを生やしているものもいる。なかには1センチ前後のアリとしては大型のものもいるし、金色の光沢をもつものもいて、アジアを代表する見事なアリのなかまともいえる。日本には3種いるが、世界的に見て最北端に生息するのがトゲアリという名のトゲアリで、本州から九州にかけて見られる。一時的社会寄生といって、新女王はムネアカオオアリやクロオオアリといったオオアリ属のアリの巣を乗っ取り、自分が女王になり変わって、自分の子をそれらのアリに育てさせる。オオアリの女王はいないので、だんだんとトゲアリの働きアリが増えていき、最終的にはトゲアリだけの巣になる。このトゲアリは世界的に見てもかっこいい部類の種である。残念ながら、近年、全国的に減少している。

キヌゲトゲアリ

Polyrhachis illaudata

分類	ハチ目アリ科（以下同じ）
撮影地	シンガポール

絹のような金色の光沢が美しい。〈Ko〉

ツリバリトゲアリ

Polyrhachis bihamata

撮影地　フィリピン

捕まえると指に刺さってなかなかはずれない。〈Ko〉

ブソウトゲアリ

Polyrhachis armata

撮影地　タイ

ゴツゴツとして溶岩のよう。〈Ko〉

フタイロトゲアリ

Polyrhachis bicolor

撮影地　マレー半島

小さくて愛らしい種。〈Ko〉

トゲアリ

Polyrhachis lamellidens

撮影地　日本

日本と東アジアを代表する美麗種。〈Ko〉

ルリトゲアリ

Polyrhachis cyaniventris

撮影地　フィリピン

青いアリというもの自体が珍しい。〈Ko〉

恐ろしいアリ

生態系の頂点は大型肉食獣や猛禽類《もうきんるい》だけではない。アリもその一つに君臨する。とくに南米のグンタイアリやアフリカのサスライアリのなかまは、さまざまな生物を捕食し、何十万、何百万という巣の個体数の多さで他の生物を圧倒し、肉食獣そのものといえる。また、これらのアリがとおったあとは多くの昆虫や小型の動物は食べ尽くされ、いなくなってしまう。このようなアリによる定期的な生物の一掃のおかげで、そこにまた新たな生物が入り込む余地が生まれ、結果的に森の生物多様性が保たれるという説もある。またアリはハチのなかまなので、多くの種は毒針を持っている。グンタイアリなども刺すが、いちばん有名なのはサシハリアリで、その痛さは折り紙つきである。

サシハリアリ

Paraponera clavata

分類	ハチ目アリ科 （以下同じ）
撮影地	ペルー

刺されるととても痛い。著者の経験では、５分間悶絶、３時間ズキズキという感じだった。〈S〉

お気に入り

サスライアリ

Dorylus sp.

撮影地　カメルーン

とにかく顎の力が強く、大きな働きアリに咬まれると、スパッと切れて血が出る。アフリカを代表する見事なアリ。〈Ko〉

バーチェルグンタイアリ

Eciton burchellii

撮影地　ペルー

働きアリの数が多く、絨毯のように広がって集団で獲物を探す様子は見事としかいいようがない。〈S〉

ナミグンタイアリ

Eciton hamatum

撮影地　フランス領ギアナ

兵アリは黄色くて間抜けな顔をしているが、釣り針状の大顎で咬まれるとなかなかはずれない。〈S〉

巣を守るシロアリの兵アリ

シロアリは社会性昆虫で、集団で木をかじって、それを餌としているものが多い。大部分は小型で、あまりじっくりと見る機会はないかもしれないが、拡大してみるとじつは面白い姿をしている。働きアリはみな似たようなものだが、兵アリは種ごとに個性的で、長い大顎《おおあご》を持つものや、頭に角を持つものなどもいる。コウグンシロアリのなかまは木をかじることはせず、行列をなして地上を歩き、木の幹についた地衣類《ちいるい》を収穫して巣へ運び、それをみんなで食べる。アリに似た黒い姿をしている。シロアリというと木造家屋を食べる害虫という印象があるが、この種のように、シロアリのすべてが木を食べるわけではないし、大部分は人間とは無縁の環境に生活し、森のなかで枯れた木を分解する大切な役割を担っている。なお、シロアリはゴキブリから進化したもので、現在ではゴキブリの一員とされている。

地下でキノコを栽培して、それを食べるアリ。〈Ko〉

ジャネルオオキノコシロアリ

Macrotermes jeanneli

分類　ゴキブリ目シロアリ科（以下同じ）
撮影地　ケニア

ペルーシロアリ

Termes sp.

撮影地　ペルー

長い大顎が美しい。〈Ko〉

キバツノシロアリ

Armitermes sp.

撮影地　ペルー

角と大顎の両方が見事に
発達している。〈Ko〉

お気に入り

コウグンシロアリ

Hospitalitermes hospitalis

撮影地　マレー半島

集団で地衣類を収穫する。〈Ko〉

ペルーテングシロアリ

Nasutitermes sp.

撮影地　ペルー

世界中の熱帯に分布する属で、どれもよく似ている。〈Ko〉

へんてこなツノゼミ［中南米編］

中南米はツノゼミの宝庫である。世界のツノゼミの多くは中南米に限って生息する。種の多さだけでなく、とにかく形が多様で、角が上にのびたり、横にのびたり、後ろにのびたり忙しい。想像もつかないような姿のツノゼミがいるのが南米である。ここでは私が中南米で見つけて撮影したツノゼミのなかで、代表的なものを選んでみた。どれもじつに個性的である。とくに嬉しかったのはキスジクロツヤナメクジツノゼミで、フランス領ギアナで灯りに飛んできたものである。とても大きく、珍しいツノゼミで、生きた姿を撮影した例はほとんどない。前から見ると悪魔のような姿だが、よく見ると優しい眼をしている。

シロブチエボシツノゼミ

Membracis dorsata

分類	カメムシ目ツノゼミ科（以下同じ）
撮影地	コスタリカ

遠くからでもよく目立つ。
毒があるのかも。〈M〉

ナガハチマガイツノゼミ

Heteronotus delineatus

撮影地　フランス領ギアナ

腹部の細いアシナガバチに似ている。〈M〉

ミカヅキツノゼミ

Cladonota apicalis

撮影地　コスタリカ

縮れた枯れ葉にそっくり。〈M〉

マルヨツコブツノゼミ

Bocydium globulare

撮影地　フランス領ギアナ

言わずと知れた世界的珍虫。〈M〉

お気に入り

キスジクロツヤナメクジツノゼミ

Hemikyptha marginata

撮影地　フランス領ギアナ

とにかく大きくて立派。体長が 20㎜を超える。〈M〉

へんてこなツノゼミ［東南アジア編］

南米のツノゼミの多様性にはかなわないが、アジアにもさまざまな個性的なツノゼミが生息する。どれもおなじ亜科（科より一つ下の単位）に属し、系統的に近縁であるが、そう考えるととても多様といってもよいのかもしれない。共通する特徴は、まったく学術的でないが、みんな顔が可愛らしい点である。アジア人としての贔屓目かもしれないが。アジアを代表するツノゼミのシカツノゼミはハタザオツノゼミのなかまであろう。シカツノゼミはとても大型で、角が枝分かれしており、非常にかっこいい。ベトナムやラオスで採集したことがあるが、見つけたときにはたいへんうれしかった。ジャワ島で別種の珍種を取り逃がしたことがあり、そのときには3週間くらい落ち込んだ思い出がある。

カネジャクツノゼミ

Anchon pilosum

分類	カメムシ目ツノゼミ科（以下同じ）
撮影地	タイ

マメ科植物の蔓の地面近くにいて、見つけるのが難しい。〈M〉

お気に入り

シカツノゼミ

Elaphiceps neocervus

撮影地　ベトナム

カシの新芽にいた。〈M〉

クロハタザオツノゼミ

Hypsauchenia hardwickii

撮影地　ベトナム

集団で生活し、卵を保護している。〈M〉

ミドリズキンツノゼミ

Sipylus proteus

撮影地　カンボジア

アンコールワットの遺跡
のなかで見つけた。緑色
がきれい。〈M〉

キイチゴツノゼミ

Choucentrus sinensis

撮影地　タイ

冬の時期にキイチゴに成
虫が見られる。〈M〉

アリそっくりのハネカクシ

ツヤヒメサスライアリハネカクシ

Mimaenictus wilsoni

分類	コウチュウ目
	ハネカクシ科（以下同じ）
撮影地	マレー半島

ヒメサスライアリのなかまは定期的に巣を引っ越す。このハネカクシは、ツヤヒメサスライアリの引っ越し中の行列に見られ、野外ではアリとの区別が難しいくらいに似ている。〈Ko〉

私のいちばんの専門の昆虫である。ハネカクシ科という5万種以上を含む大きな甲虫の一群に属する。ハネカクシとは、短い上翅《じょうし》の下に長い下翅《かし》を隠していることから、この名前がある。一部の種はアリの巣に居候しており、いろいろな形でアリとの関係をもっている。そしてさらに一部は、アリとそっくりな姿形をしており、アリの巣なかまの一員のように生活している。ただしアリに餌をもらうだけで、アリの仕事を手伝ったりはしない。このなかまはとにかく珍しく、採集が容易でない。実際に野外ではアリにそっくりで、小さいために肉眼で拾い出すのも難しい。それらの点がとても魅力的で、私はこのために10年以上かけて、世界各地で採集を行い、ようやく最近になって主要な種をそろえることができた。現在、それらの標本を使って研究を進めており、面白い結果が出てきている。ヒョウタンのような腹部をもつヒョウタンカツギハネカクシは世界に名だたる珍虫で、生きた姿が図示されるのは本書が世界初となる。

ナミグンタイアリハネカクシ

Ecitophya gracillima

撮影地　フランス領ギアナ

ナミグンタイアリと一緒に狩りに出かけ、餌を失敬する。〈Ko〉

マラヤツヤヒメサスライアリハネカクシ

Procantonnetia malayensis

撮影地　マレー半島

この種もツヤヒメサスライアリの引っ越しに見られ、このようにアリに運ばれることもある。〈Ko〉

お気に入り

ヒョウタンカツギハネカクシ

Rosciszewskia magnificus

撮影地　マレー半島

ケブカヒメサスライアリの引っ越しだけに見られる。〈Ko〉

マルセグンタイアリハネカクシ

Pseudomimeciton antennatum

撮影地　ペルー

これも一緒に狩りに出かける。〈Ko〉

かっこいいヒゲブトオサムシ

ケンタロウクロオビヒゲブトオサムシ

Ceratoderus kentaroi

分類	コウチュウ目ヒゲブトオサムシ科（以下同じ）
大きさ	体長4.5㎜
採集地	ベトナム

似た種が多い。〈M〉

アッコクロオビヒゲブトオサムシ

Ceratoderus akikoae

大きさ	体長4.6㎜
採集地	ベトナム

日本のクロオビヒゲブトオサムシに近縁。〈M〉

お気に入り

タダウチホシガタヒゲブトオサムシ

Euplatyrhopalus tadauchii

大きさ	体長7.1㎜
採集地	タイ

芸術的とも言える美しい触角。〈M〉

マレーヒゲブトオサムシ

Paussus malayanus

大きさ　体長6㎜
採集地　マレー半島

マレー半島南部の原生林で採集した。〈M〉

ヘンテコヒゲブトオサムシ

Paussus drumonti

大きさ　体長3.8㎜
採集地　タイ

類縁関係の不明な変わった種。〈M〉

マサオヒゲブトオサムシ

Paussus masaoi

大きさ　体長5.2㎜
採集地　タイ

じつはこれも、とても変わった種。〈M〉

タイゲンコツヒゲブトオサムシ

Lebioderus thaianus

大きさ　体長6.8㎜
採集地　タイ

初めて新種発表したヒゲブトオサムシ。〈M〉

触角が大きくふくらむことからこの名前がある。アリの巣に住むが、この触角からアリの好む物質を出し、アリの巣に受け入れられているようだ。私のいちばん好きな虫であり、私の研究対象の一つでもある。珍奇な姿のうえ、とてもかっこいい。これほどかっこいい虫はこの世にいない。ここに図示したのはすべて私が新種として発表したものであり、選りすぐりのものを集めた。とくに思い出深いのはタダウチホシガタヒゲブトオサムシで、タイとミャンマーの国境にある森で、苦労して採集した。この属自体採ったのが初めてで、採ったときのうれしさ、しかも新種だとわかったときのうれしさといったらなかった。

まん丸になるマンマルコガネ

2007年にマレーシアの山のなかに一人で1カ月以上滞在したことがある。来る日も来る日もアリの巣に住む虫を探していたのだが、同時にほかの虫もいろいろと採集した。あるとき、シロアリの巣の周辺に、夜になるとペタペタとマンマルコガネがたくさん貼りついていることがわかった。それから毎晩、夜になるとマンマルコガネを探しに森に出かけることになった。この採集は楽しく、難しいアリの巣の採集の息抜きになってくれた。このときの調査で19種ものマンマルコガネが採れ、1カ所で採れた種数の世界記録ともなった。なおピカピカの種は昼間に活動することが多く、別の採集の際に偶然見つかることが多かった。そのなかでも、アカオオマンマルコガネは大型で、とても美しい。学名は「燃えるような」という意味である。

アゴスティ マンマルコガネ

Madrasostes agostii

分類	コウチュウ目
	マンマルコガネ科
	(以下同じ)
大きさ	体長5.5㎜
採集地	マレー半島

次の見開きでまん丸になっている姿が登場するのはこの種。〈M〉

ミドリケンラン マンマルコガネ

Eusphaeropeltis sp.

大きさ	体長6.5㎜
採集地	マレー半島

木の上のシロアリの巣にいる。〈M〉

マラヤマンマルコガネ

Madrasostes malayanum

大きさ　体長3mm
採集地　マレー半島

小さいがとても珍しい種。〈M〉

ハシム マンマルコガネ

Madrasostes hashimi

大きさ　体長5.5mm
採集地　マレー半島

著者が新種として記載したもの。〈M〉

アバタ マンマルコガネ

Madrasostes clypeale

大きさ　体長3.5mm
採集地　マレー半島

前胸背に丸い穴がポツポツと開いている。〈M〉

アカオオ マンマルコガネ

Ebbrittoniella ignita

大きさ　体長7.5mm
採集地　マレー半島

草の上にいたのを偶然見つけて著者が採集した個体。〈M〉

お気に入り

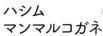

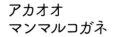

マンマルコガネのひみつ

まん丸になっているマンマルコガネ。脚まできれいに合わさり、まるで金属の球。種はP84で紹介したアゴスティマンマルコガネ。〈S〉

実物大

アゴスティマンマルコガネ〈M〉

まん丸が開くと、こんなふうになかから脚が出てくる。〈S〉

マンマルコガネはその名のとおり丸くなる。ダンゴムシのようでもあるが、脚《あし》や頭部の形状を含めて隙間なく丸くなる様子を見ると、ダンゴムシより精密な丸まり具合ともいえる。

最初、マンマルコガネがどうして丸くなるのかよくわからなかった。居候先のシロアリの攻撃を免れるためかとも考えたが、シロアリの攻撃能力はそれほど高くないので、それにしては過剰防衛のように思えた。しかしある晩、マンマルコガネの住むシロアリの巣に肉食性のハシリハリアリが集団で攻め入っているのを目撃した。そのとき、シロアリが無抵抗に連れ去られるなか、マンマルコガネは丸くなって身をひそめ、アリの攻撃をかわしていたのである。

丸くなっている状態。頭や脚までぴったりとくっついている様子は芸術的ともいえる。〈S〉

頭部のあたりがちょっと開き、触角が出てきた。マンホールのふたの下から辺りをうかがっているような風情。〈S〉

密着していた脚が開いてくる。球体から一気に昆虫らしくなる劇的な変化。〈S〉

ひっくり返っていたのが戻ると、背を丸めたような格好で歩く。この姿も可愛らしい。〈S〉

そこで思ったのは、マンマルコガネが丸まる理由は、シロアリに対するものよりも、シロアリを襲いに来るアリに対する防御なのではないかということである。シロアリのいない場所に住むマンマルコガネもいるが、そういう種の生息地でも、たいてい周囲にたくさんのアリがいる。マンマルコガネは丸まると非常に硬く、ピンセットでも開くのが大変なくらいで、きっとアリ全般に対する高い防御効果があるのだろう。

そんな感じで見事に丸まるマンマルコガネであるが、開いたときの立体構造も見事で、かっこいい甲虫である。昔から子供のオモチャに変形ロボットがあったが、それを実在の生物として見事に体現する存在でもある。

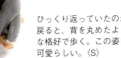

種名

ヒゲブトイエシロアリハネカクシ

Coptotermocola clavicornis Kanao, Eldredge & Maruyama, 2012

（ハネカクシ科）

発見者

金尾太輔
京都大学人間・環境学研究科
日本学術振興会特別研究員（PD）

コウチュウ目ハネカクシ科に属するヒゲブトイエシロアリハネカクシは、シロアリの巣でしか生きられないほどシロアリ社会に強く依存する、好白蟻性種である。

好白蟻性ハネカクシの分類学的研究を始めた２０１０年、初めての野外調査としてマレー半島に滞在した際に、本種を採集した。一カ月間、熱帯雨林で一人、倒木を壊したり土を掘ったりして手探りで調査を進めるなかで、立ち枯れの大木の表面に泥を塗ったようなイエシロアリの構造物を見つけた。それをそっと壊していくと、お尻を背面に反り返した本種が、シロアリの間を縫うように慌ただしく動いていた。帰国後、過去の文献と照らし合わせると、本種の形態的特徴が既知種のどれにも当てはまらない。さらに、本種の棍棒状の触角や短い脚は、どの既知属の特徴にも当てはまらない非常に変わったものだった。新属新種である。

好白蟻性昆虫は、一般的に個体数が少なく、その採集には根気が必要である。シロアリの巣を探し出し、時間をかけて詳細に調べても、まったく成果が得られないことなどしょっちゅうだ。しかし、手にした種が世界中で自分しか知らない未知種であるとわかったとき、その驚きや喜びは、それまでの苦労を容易に上回る。研究を始めて6年が経ったいまも、新たな種との出会いや新知見を得たときの興奮は、増すばかりである。

ヒゲブトイエシロアリハネカクシ。

写真／本人提供（2点とも）

昆虫column ②

好蟻性生物と好白蟻性生物

生物というのは、いかなる場合でも、ほかの生物から何らかの搾取《さくしゅ》や収奪を受ける仕組みになっている。いちばんわかりやすい収奪は捕食で、ウサギがいたら、オオカミやタカに捕食される。そんなオオカミやタカでも、体内には必ず寄生虫がいて、栄養を搾取される。とくに体が大きかったり、大きな巣を持っているものは、ほかの生物にとって「大きな資源」である。じつはアリやシロアリの巣にも、搾取者《さくしゅしゃ》たるさまざまな居候がいる。巣の中の幼虫を捕食したり、アリの餌を失敬したり、アリの巣の中のゴミを食べたりしている。なかにはアリを騙して口移しに餌をもらうものもいる。学術的には好蟻性《こうぎせい》生物や好白蟻性《こうはくぎせい》生物ともいう。そういった生物は昆虫のなかで多数回、独立に進化しており、いかにアリやシロアリの巣が他の生物にとって魅力的な資源であるかを如実に物語っている。

そのような共生者なかでいちばん多様なのはハネカクシ科の甲虫で、ハネカクシ科自体、5万種を超える大きな一群なのだが、そのなかでおそらく100回以上(はっきりしない)、アリやシロアリの巣への居候が進化し、その種数は数千種におよぶ。アリやシロアリとの関係もさまざまで、多くの種は一種のみの寄主との関係をもち、巣内でアリやシロアリに巧みに気付かれずに生活したり、逆に寄主をまねて、巣の一員として扱われている場合もある。

また、巣の中には入らず、アリとの強い関係をもつ昆虫も少なくない。その代表がアブラムシやツノゼミといった「栄養共生者」である。それらは植物から汁を吸い、余計な糖分を排泄する。その「甘いおしっこ」はアリの大好物で、アリはこれらの昆虫から糖分を受け取る代わりに、クモなどの天敵から身を守ってあげている。なお、大部分のツノゼミは幼虫時代にアリとこのような関係をもち、一部の種は成虫になってもアリとの関係を保っている。

（丸山宗利）

コツノゼミの幼虫とそれを守るツムギアリ。〈M〉

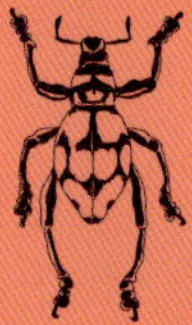

派手なバッタ

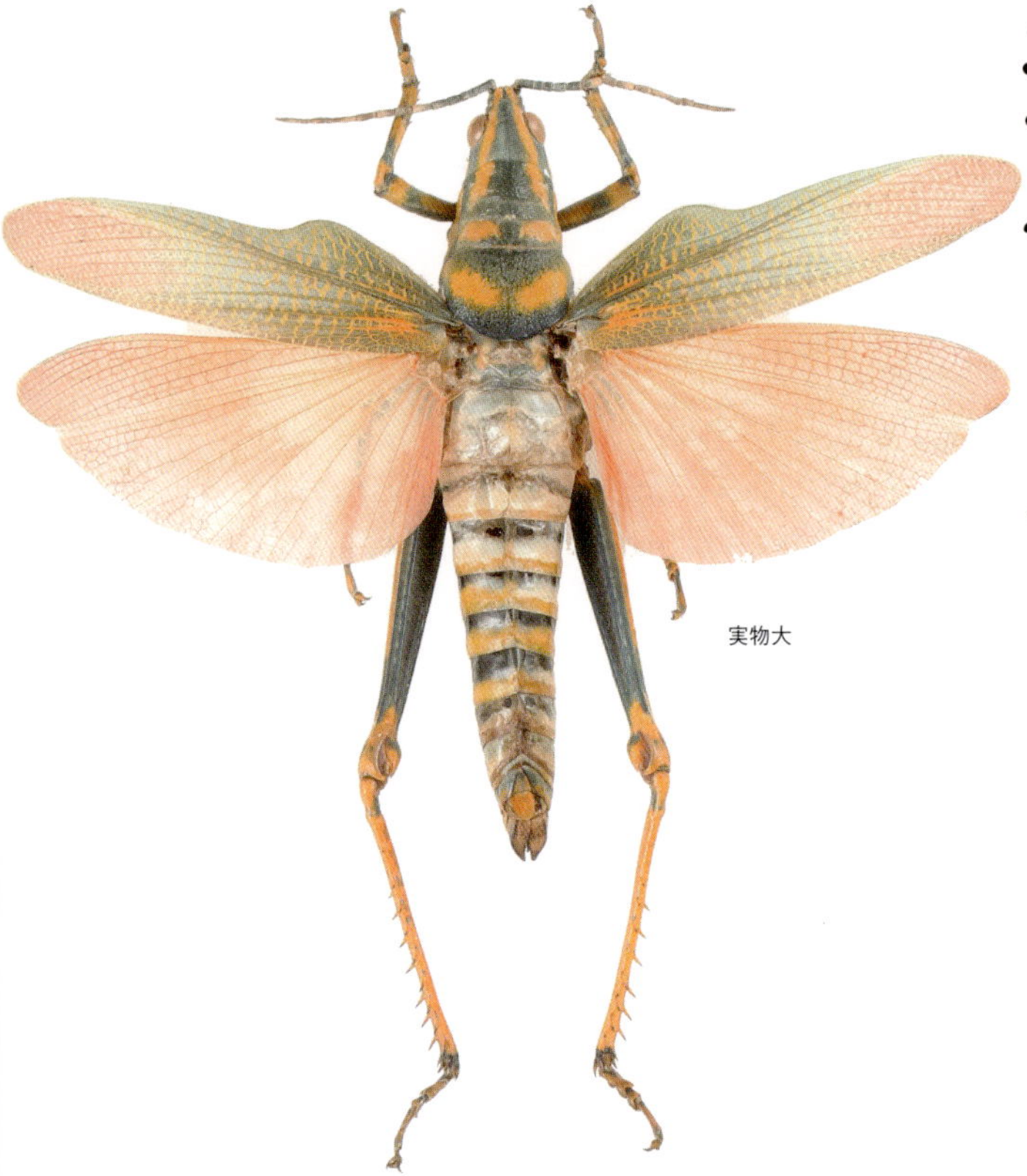

実物大

キョジンオンブバッタ

Poekilocerus pictus

分類	バッタ目オンブバッタ科
大きさ	体長70㎜
採集地	インド

ペンキで塗ったような色。〈Ko〉

バッタというと、なんとなく平和主義者で、外敵に食べられてしまうがままという印象がある。しかしそんなバッタも熱帯のように捕食者が多くて厳しい環境に行くと、さまざまな対抗策を身につけている。その一つとして、体に毒や不味い物質を蓄えて、一度その種を食べた捕食者から身を守るというものである。熱帯にでかけて派手なバッタをみかけたら、たいていそういう「意図」で生活していると思って間違いない。ときに下翅《かし》だけを派手にして、逃げて飛び立つときや、敵につつかれたときにそれを見せ、毒を持っていることを誇示するものもいる。普段から目立っていては空腹の捕食者にいたずらにつつかれてしまうからであろう。ミドリイボムネバッタのなかまは胸部から青酸を含む泡をぶくぶくと出す。いかにも毒々しく、きっと多くの敵はすぐに危ない奴だと覚えるのであろう。

実物大

リンネイボムネバッタ

Rutidoderes squarrosus

分類	バッタ目オンブバッタ科
大きさ	体長53㎜
採集地	コートジボワール

生きているときには、体と上翅は鮮やかな緑色。〈Ko〉

実物大

アカグロイロバッタ

Chromacris sp.

分類	バッタ目カタハダバッタ科
大きさ	体長40㎜
採集地	ペルー

黒い胴体が毒々しい。〈Ko〉

カスリイボムネバッタ

Phymateus morbillosus

分類	バッタ目オンブバッタ科
大きさ	体長52㎜
採集地	スワジランド

絣の着物のような雰囲気。
〈Ko〉

実物大

キバネトゲアシバッタ

Aeolacris caternaultii

分類	バッタ目カタハダバッタ科
大きさ	体長80㎜
採集地	フランス領ギアナ

後脚のとげで敵に反撃するのだろう。〈Ko〉

実物大

メキシコ アカシタバッタ

Taeniopoda auricornis

分類	バッタ目カタハダバッタ科
大きさ	体長41㎜
採集地	メキシコ

敵に襲われると、下翅を見せて驚かす。〈Ko〉

実物大

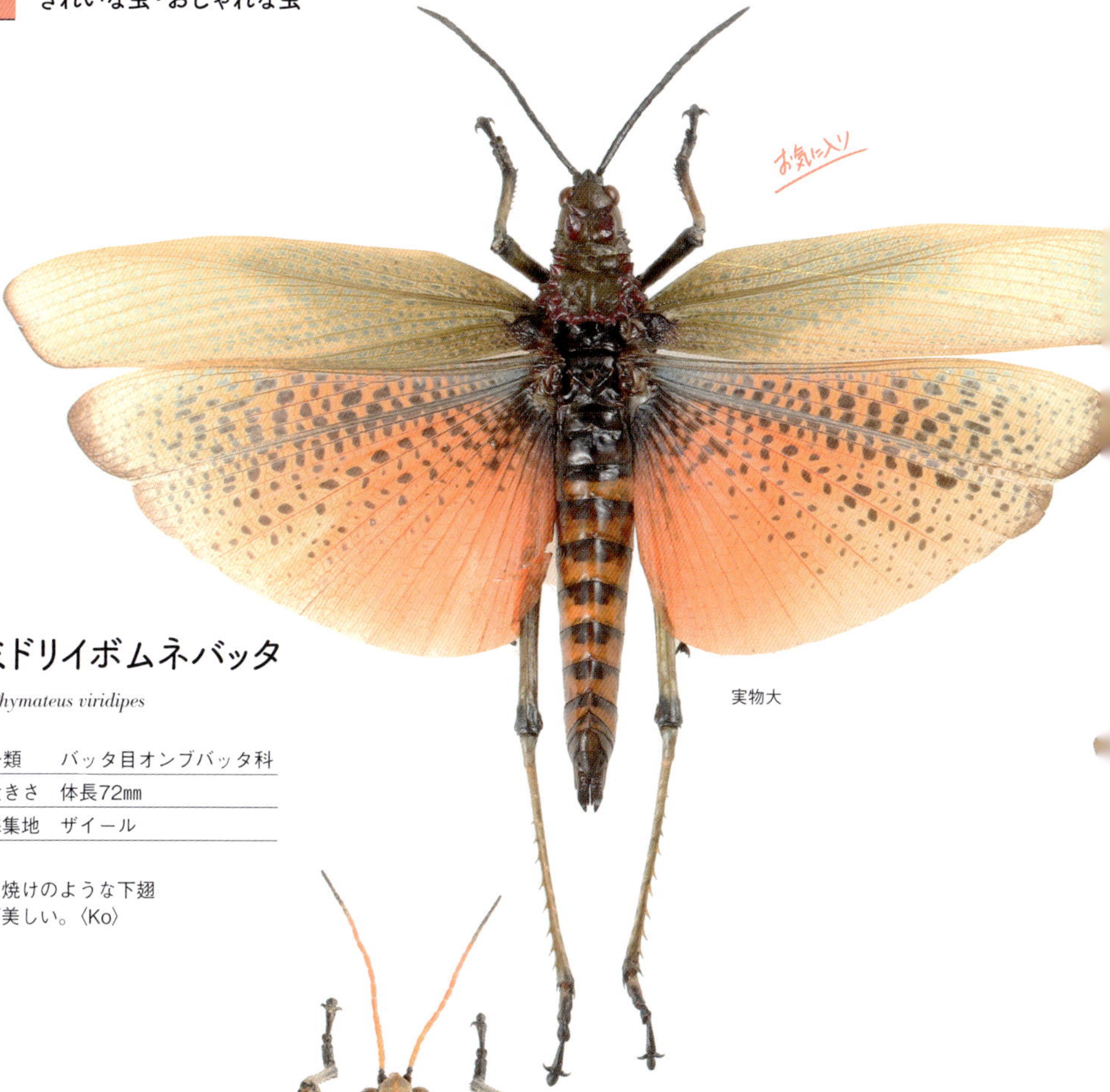

実物大

ミドリイボムネバッタ

Phymateus viridipes

分類	バッタ目オンブバッタ科
大きさ	体長72㎜
採集地	ザイール

夕焼けのような下翅
が美しい。〈Ko〉

実物大

桃色の下翅が美しい。
〈Ko〉

パナマアカシタバッタ

Taeniopoda sp.

分類	バッタ目カタハダバッタ科
大きさ	体長62㎜
採集地	パナマ

きれいなセミ

世界的にみて、多くのセミは透明の翅《はね》を持っている。しかし東南アジアに行くと、じつにいろいろな色の翅をもつセミがいて、驚かされる。これらのセミは世界的に見たら例外で、東南アジアでも透明の翅を持つセミのほうが圧倒的に多い。いったいどうしてこのような色の翅をしているのだろうか。おそらくこれらの多くは体に毒をもっていて、鳥などの外敵に毒があることを示しているのだろう。また、マダラガという毒のあるガに似た模様のものもいて、そのようなセミはマダラガに擬態《ぎたい》している可能性もある。いずれも採集が難しく、とくにホシモンヒメクロゼミは何度も失敗してようやく捕まえた思い出深いものである。

お気に入り

実物大

ホシモンヒメクロゼミ

Ambragaeana ambra

大きさ	開長88mm
採集地	タイ

低い木の上で鳴いており、鳴きながら移動する変わった習性がある。〈Ko〉

実物大

ヒメクロゼミ

Gaeana festiva

大きさ	開長78mm
採集地	マレー半島

現地では普通のようだが著者は自分で見つけたことがない。〈Ko〉

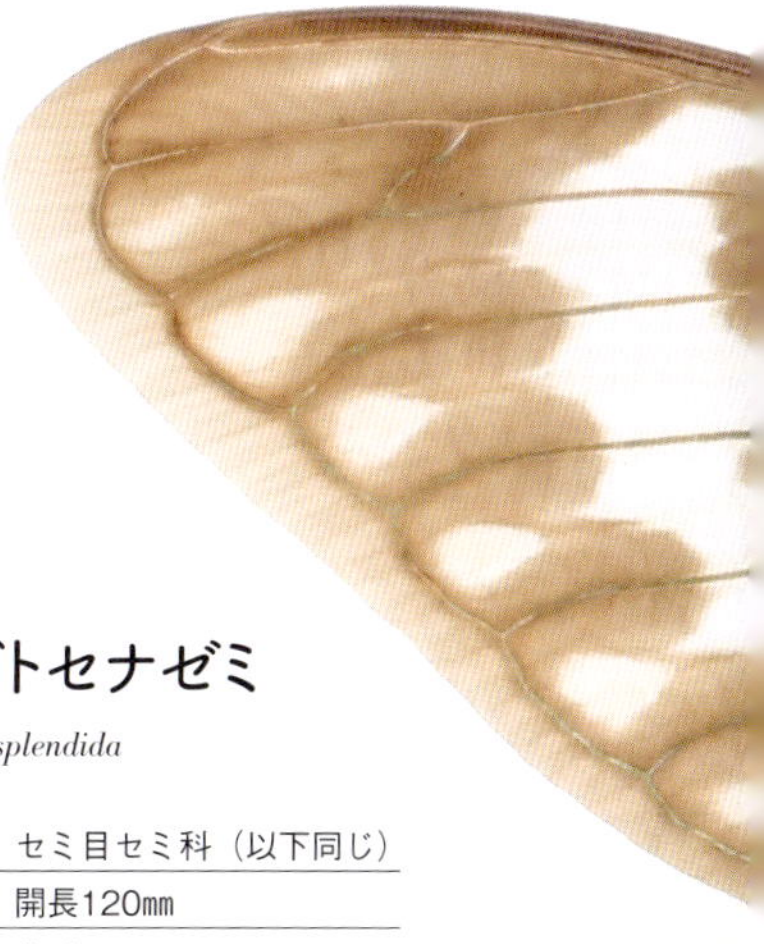

ハデトセナゼミ

Tosena splendida

分類	セミ目セミ科（以下同じ）
大きさ	開長120mm
採集地	タイ

下翅の薄青が美しい。〈Ko〉

実物大

タイヒメアカアブラゼミ

Tosena dives

大きさ　開長85㎜
採集地　タイ

いかにも毒々しい色あい。〈Ko〉

実物大

ヒメクロゼミ

Gaeana festiva

大きさ　開長82㎜
採集地　タイ

前ページの種と同種で、
地域変異。〈Ko〉

実物大

モエギクマゼミ

Salvazana imperialis

大きさ　開長125㎜
採集地　タイ

通常は下翅は緑色で、
このように赤い個体は
非常に珍しい。〈Ko〉

実物大

チェンアミバネゼミ

Polyneura cheni

大きさ	開長105㎜
採集地	中国

上翅に細かい網目模様がある。〈Ko〉

実物大

アオネゼミ

Trengganua sibylla

大きさ	開長105㎜
採集地	マレー半島

生きているときには、翅の基部は美しい緑色。〈Ko〉

実物大

小さなおしゃれさんヨコバイ

ヨコバイはツノゼミの遠い親戚である。ツノゼミよりもヨコバイのほうがそのままセミを小さくした姿をしている。ただしどちらもセミとはかなり縁遠い。日本にもたくさんのヨコバイがいるが、どの種も生きているときには美しい。おなじカメムシ目であるビワハゴロモほどの迫力はないが、そのまま洋服にできそうな可愛らしい色合いと模様のものも少なくない。とくに熱帯に行くと、きれいな種がよく目立ち、草の上にいる姿を目にすることが多い。私が好きなのはアカアオヒメヨコバイなどのヒメヨコバイのなかまで、日本でもきれいなものが少なくない。どれも5ミリに満たないほどで、すごく小さいのに、どうしてここまで細かく複雑な模様をしているのか不思議である。

キベリアカヒメヨコバイ

Typhlocybinae gen. sp.

分類	カメムシ目ヨコバイ科 （以下同じ）
撮影地	ペルー

昔の子供の着物のような色調。〈Ko〉

ブルース・リーのツナギを思い出す。〈Ko〉

キスジオオヨコバイ

Fusigonalia sp.

撮影地　ペルー

クロスジオオヨコバイ

Tettigoniella sp.

撮影地　カメルーン

黒い筋がおしゃれ。〈Ko〉

アカアオヒメヨコバイ　お気に入り

Typhlocybinae gen. sp.

撮影地　ペルー

まさに極彩色！〈Ko〉

ゴシキオオヨコバイ

Erythrogonia sp.

撮影地　ペルー

ひかえ目ながらじつに
彩り豊か。〈Ko〉

フイリアオズキンヨコバイ

Iassinae gen. sp.

撮影地　フランス領ギアナ

このなかまはずんぐり
して可愛い。〈Ko〉

水彩画のようなビワハゴロモ［アジア編］

テナッセリム ビワハゴロモ

Pyrops karenius

分類	カメムシ目 ビワハゴロモ科（以下同じ）
大きさ	開長85㎜
採集地	タイ

分布の狭い珍しい種。〈Ko〉

実物大

実物大

ツノグロ ビワハゴロモ

Pyrops spinolae

大きさ	開長78㎜
採集地	タイ

似た種が多い。〈Ko〉

ウスイロ ビワハゴロモ（橙色型）

Pyrops lathburii

大きさ	開長75㎜
採集地	タイ

下翅が白いものと黄色いものもいて、この橙色型はとても珍しい。〈Ko〉

お気に入り

実物大

実物大

コンボウ ビワハゴロモ

Pyrops clavatus

大きさ　開長75㎜
採集地　タイ

「鼻」の部分がふくらんでいて太い。〈Ko〉

マレーヒメ ビワハゴロモ

Penthicodes variegata

大きさ　開長55㎜
採集地　タイ

実物大

近縁種が多く、模様や色が異なる。〈Ko〉

ホウセキ ビワハゴロモ

Saiva gemmata

大きさ　開長50㎜
採集地　タイ

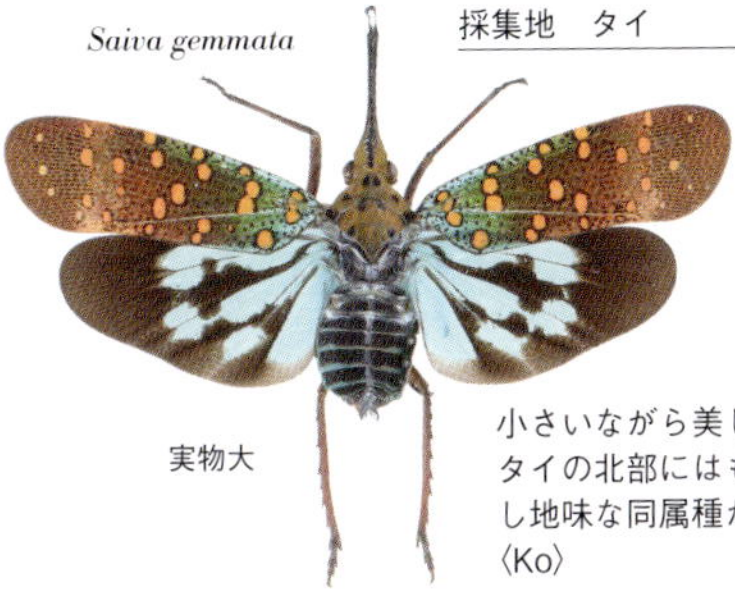

実物大

小さいながら美しい。タイの北部にはもう少し地味な同属種がいる。〈Ko〉

クロモンコツノ ビワハゴロモ

Kalidasa nigromaculata

大きさ　開長50㎜
採集地　タイ

木の幹の下のほうに集団でいるのを見かけた。〈Ko〉

実物大

ビワハゴロモの採集は容易ではない。たいてい、好きな木が決まっており、その木を見つけるのは運次第で、1回の採集で1本見つかれば上出来である。ただ、現地の人はどの木にいるのかよく知っていて、そういう場所では案内してもらうことも多い。良い木だと、1本の木に何十頭ものビワハゴロモがとまっている。ただ、ビワハゴロモは非常に敏感で、網をかぶせる前に一斉に逃げられてしまうことも少なくない。ビワハゴロモに感づかれないよう、ゆっくりと網をかぶせるのが大事である。また、昼間に見つけておいて、夜に捕まえるのも一案である。夜目が利かないので、低いところなら手で簡単に捕まえられる。これらはすべてタイで私が採集したものである。ウスイロビワハゴロモの橙色型はとても少なく、何十頭か採集して、ようやく1頭混じっているかいないかという珍品である。

水彩画のようなビワハゴロモ［南米編］

実物大

ユカタンビワハゴロモ

Fulgora laternaria

分類	カメムシ目ビワハゴロモ科（以下同じ）
大きさ	開長145㎜
採集地	ペルー

世界的な奇虫として有名。〈Ko〉

アカミミズタマビワハゴロモ

Diareusa imitatrix

大きさ	開長67㎜
採集地	ペルー

下翅が可愛い水玉のスカートのよう。〈Ko〉

南米のビワハゴロモには立体的な美しさがある。ユカタンビワハゴロモは世界的な珍寄昆虫の一つとして有名であるし、竜の顔やノコギリザメの顔のようなものもいる。またここでは図示していないが、クジャクビワハゴロモのなかまは、腹部から長い蠟状の突起を生やしている。どれも不思議としか言いようがない。実際、その形の理由はまったくわかっていない。またもちろん、南米のものも翅《はね》の模様も美しい。アジアのものとは雰囲気がかなり異なり、なかなか説明しにくいが、なんとなく南米らしい個性の強さが感じられる。とくにノコギリビワハゴロモは形だけでなく模様も強烈である。

お気に入り

ノコギリビワハゴロモ

Cathedra serrata

大きさ　開長93㎜
採集地　ペルー

少し前までは大珍品で、オークションで高値で取引された。〈Ko〉

リュウノカオビワハゴロモ

Phrictus regalis

大きさ　開長77㎜
採集地　ペルー

頭の突起が竜の鼻のようになっている。〈Ko〉

ミドリリュウノカオビワハゴロモ

Phrictus diadema

大きさ　開長60㎜
採集地　ブラジル

翅が緑色の迷彩色となっている。〈Ko〉

アカマルガオビワハゴロモ

Amantia peruviana

大きさ　開長72㎜
採集地　ペルー

ずんぐりして丸っこい。〈Ko〉

チイロハネナガビワハゴロモ

Aracynthus sanguineus

大きさ　開長90㎜
採集地　フランス領ギアナ

セミのようだが、これもビワハゴロモ。〈Ko〉

地下の空洞に生活している。〈Ko〉

ケニアホラアナゴキブリ

Nocticola sp.

分類	ゴキブリ目
	ホラアナゴキブリ科
撮影地	ケニア

ゴキブリというと、その名を聞いただけで鳥肌が立つ人もいるらしい。とにかく嫌いな人が多いようであるが、多くの場合、ゴキブリを見て騒ぐのは、子供のころから刷りこまれた結果である。毒があるわけでもないし、多少不潔ではあるが、実際にはほとんど害のない虫である。また、世界には４４００種以上のゴキブリがいて、その99％はヒトの生活とは関係のない森のなかに住んでいる。そんなゴキブリからしたら、ゴキブリ嫌いはどうでもいいから、放っておいてくれと言いたくなるだろう。本当のところ、なかにはとても美しいゴキブリもいるし、金属光沢を放つルリゴキブリのようなものさえいる。もちろん、家の中にいるゴキブリだって、先入観を捨ててじっくりと見れば、生物として完成された美しさがある。もしゴキブリがヒトのことを見ていたとしたら、化粧をしたり、ヒゲを剃らないと外に出られないヒトのことを笑っているかもしれない。

ホタルゴキブリ

Paratropes sp.

分類	ゴキブリ目
	チャバネゴキブリ科
撮影地	ペルー

毒のあるホタルに似せていて、光っているかのような模様がある。〈Ko〉

マレーアミメヒラタゴキブリ

Onychostylus sp.

分類	ゴキブリ目
	チャバネゴキブリ科
撮影地	マレー半島

草の上にいる。〈Ko〉

お気に入り

ヨツボシルリゴキブリ

Eucorydia sp.

分類	ゴキブリ目
	ムカシゴキブリ科
撮影地	タイ

青い金属光沢を放つ美しい種。〈Ko〉

ムツモンテンダマゴキブリ

Sundablatta sexpunctata

分類	ゴキブリ目
	チャバネゴキブリ科
撮影地	マレー半島

朽木の表面に生息する。〈S〉

ワキジロフトヒゲゴキブリ

Hemithyrsocera histrio

分類	ゴキブリ目
	チャバネゴキブリ科
撮影地	マレー半島

黒と白の大人のよそおい。〈Ko〉

ぬいぐるみのようなマルハナバチ

日本本土に広く分布する。〈Ko〉

コマルハナバチ

Bombus ardens ardens

分類　ハチ目ミツバチ科（以下同じ）

撮影地　日本

インドシナマルハナバチ

Bombus sp.

撮影地　タイ

標高の高いところだけに見られる。〈Ko〉

白い毛が可愛い。〈Ko〉

似た種が多い。〈Ko〉

ニセハイイロ
マルハナバチ

Bombus pseudobaicalensis

撮影地　日本

シュレンク
マルハナバチ

Bombus schrencki

撮影地　日本

マルハナバチはやわらかくて長い毛におおわれており、まるでぬいぐるみのようなハチである。実際に触ってみてもふわふわとしており、やわらかい。ただしほかのハチとおなじで、女王バチと働きバチには毒針があり、刺されると猛烈に痛い。雄《おす》バチは刺さないので、子供の遊び相手になる。東京の一部の地域では雄バチを「らいぽん」と呼んで、糸につけて飛ばして遊ぶ習慣がある。ほとんどの種は冷涼な気候を好み、日本でも山岳地帯や北海道に種数が多い。一部の種は南のほうまで分布をのばし、東南アジアでも標高の高い場所には少ないながらに独特の種が見られる。いずれも植物の花粉媒介に大切な役割を果たし、一部の種ではトマトのハウス栽培などにも利用されている。近年、その用途に用いられるセイヨウオオマルハナバチという外《がい》来種《らいしゅ》が野生化し、在来種《ざいらいしゅ》と競合する問題となっている。

美しいシタバチ

シタバチというのは南米の固有のハチのなかまである。その名のとおり、「舌」にあたる口吻《こうふん》という部分がとても長い。シタバチのなかまはランの花との関係が深く、ランの花の筒状の部分の底にある蜜を吸うために、口が長く進化したのである。変わった生態をもつシタバチだが、姿形はとても美しい。多くの種は金属光沢をもち、緑や青、ときに赤い光沢をもつものもいる。写真の4種はフランス領ギアナで撮影したもので、洋菓子に使われるバニラエッセンスや肩こりに効くサリチル酸メチルなどの薬品に集まる習性があり、今回はそれらを木に塗りつけ、集まったところを撮影する機会に恵まれた。青い種はとくにきれいで感動した。

ミドリシタバチ

Euglossa sp.

分類	ハチ目ミツバチ科（以下同じ）
撮影地	フランス領ギアナ

これも薬品に来た。雄はこの物質を集めてフェロモン代わりに使うそうだ。〈M〉

お気に入り

ルリシタバチ

Euglossa sp.

撮影地　フランス領ギアナ

木の幹に塗りつけたサリチル酸メチルという薬品に集まってきた。青く光る様子がすばらしい。〈M〉

ヌスミシタバチ

Exaerete sp.

撮影地　フランス領ギアナ

大きな種で3㎝くらいある。ほかのシタバチの巣に寄生する。〈M〉

ヒメミドリシタバチ

Euglossa sp.

採集地　フランス領ギアナ

1㎝に満たない小型種で、バニラエッセンスに集まってきた。〈Ko〉

極彩色のシジミタテハ

イナズマシジミタテハ

Lyropteryx apollonia

分類	チョウ目シジミタテハ科 (以下同じ)
大きさ	開長40㎜
採集地	ペルー

実物大

実物大

大人の色あい。〈Ko〉

メリボエウス ニジイロシジミタテハ

Ancyluris meliboeus

大きさ	開長38㎜
採集地	ペルー

実物大

白く見える部分はじつは透明である。〈Ko〉

オオスカシツバメ シジミタテハ

Chorinea sylphina

大きさ	開長33㎜
採集地	ペルー

世界の熱帯に生息するチョウのなかまであるが、とくに南米で繁栄している。これら小さく美しいチョウを見ると南米に来たことを実感する。とりわけツバメシジミタテハやそのなかまは小さいながらに美しく、まるで宝石のようなチョウである。見た目にそぐわず悪食で、汚いものが大好きである。これまで

放射状の筋が見事。〈Ko〉

実物大

わかりにくいが、下翅に銀色の紋があり、それらが盛り上がっていて、立体感がある。〈Ko〉

ミツオシジミタテハ

Helicopis cupido

大きさ　開長42mm
採集地　ブラジル

実物大

フランス国旗のよう。〈Ko〉

ミイロシジミタテハ

Ancyluris formosissima

大きさ　開長43mm
採集地　ブラジル

実物大

お気に入り

ツバメシジミタテハ

Rhetus dysonii

大きさ：開長35mm
採集地：コロンビア

小さくて可愛い。〈Ko〉

コウモリの死体、腐った魚の内臓、肉食動物の糞《ふん》など、とくに臭いものに集まって、その汁を吸っているのを見たことがある。どういうわけか南米の美しいチョウは汚いものが好きな種が多い。しかしそれでも美しい。まさに掃溜めに鶴とはこのことだろうか。

おしゃれなカタゾウムシ

オオカタゾウムシ

Macrocyrtus sp.

分類　コウチュウ目
ゾウムシ科
（以下同じ）
大きさ　体長17㎜
採集地　ルソン島

美しい金属光沢の模様がある。この見開きのカタゾウムシはすべてフィリピン産。〈M〉

アトゲカタゾウムシ

Pachyrhynchus postpubescens

大きさ　体長15㎜
採集地　ミンダナオ島

似た模様の種がとても多い。〈M〉

バナハウカタゾウムシ

Pachyrhynchus loheri psittaculus

大きさ　体長19㎜
採集地　ルソン島

バナハウ山という山の周辺だけに生息する。〈M〉

フィリピンの島々を中心に生息し、地域ごとに生息する種も違えば、模様の傾向も変わってくる。まだまだたくさんの未知種がおり、未踏の産地へ行くと、見たこともないようなものが発見される。そしてそのどれもが美しいのだから、収集対象としてこれほど魅力的な昆虫はいない。私も目下カタゾウムシに夢中で、フィリピン各地の見たことのないカタゾウムシの収集に躍起になっている。カタゾウムシの模様はそのまま洋服や着物の柄になりそうなくらいで、あるいはネイルアートの柄にしてもいいかもしれない。それくらい完成された意匠である。これからどんな模様のカタゾウムシが発見されるのであろうか。楽しみである。

カガヤキカタゾウムシ

Pachyrhynchus gloriosus

大きさ　体長16mm
採集地　ルソン島

模様に変異が大きい。〈M〉

マルモンマルガタカタゾウムシ

Eupachyrhynchus sp.

大きさ　体長16mm
採集地　ルソン島

脚が長く、胴体が丸い。花柄のような模様がある。〈M〉

マツカタゾウムシ

Pachyrhynchus pinorum dimidiatus

大きさ　体長22mm
採集地　ルソン島

マツの木に集まるという。〈M〉

実物大

魅惑のプラチナコガネ

プラチナコガネを含むウグイスコガネ属は大半が緑色で、金属光沢を含むものはそれほど多くない。しかし、金属光沢のないものでも、大きくてずんぐりとした体は、なんとなくほかのコガネムシにはない魅力がある。ここでは過去にあまり図示されたことのない比較的珍しいものを集めてみた。全身が金属光沢に覆われるものは1種だけで、あとは金属光沢のないものや、部分的に金属光沢を持つものである。いわばプラチナコガネのなかまとしては「渋い」ものばかりではあるが、どれもじつに魅力的で、キンランコガネはとくにお気に入りである。このなかには局地的でとても珍しいものがいて、数万円で取引されるものも3種混じっている。どれがその珍種かおわかりだろうか（答えは次ページ下）。

実物大

キンランコガネ

Chrysina cunninghami

分類	コウチュウ目
	コガネムシ科（以下同じ）
大きさ	体長40㎜
採集地	パナマ

パナマの狭い地域に生息する。金襴のような模様が見事。〈M〉

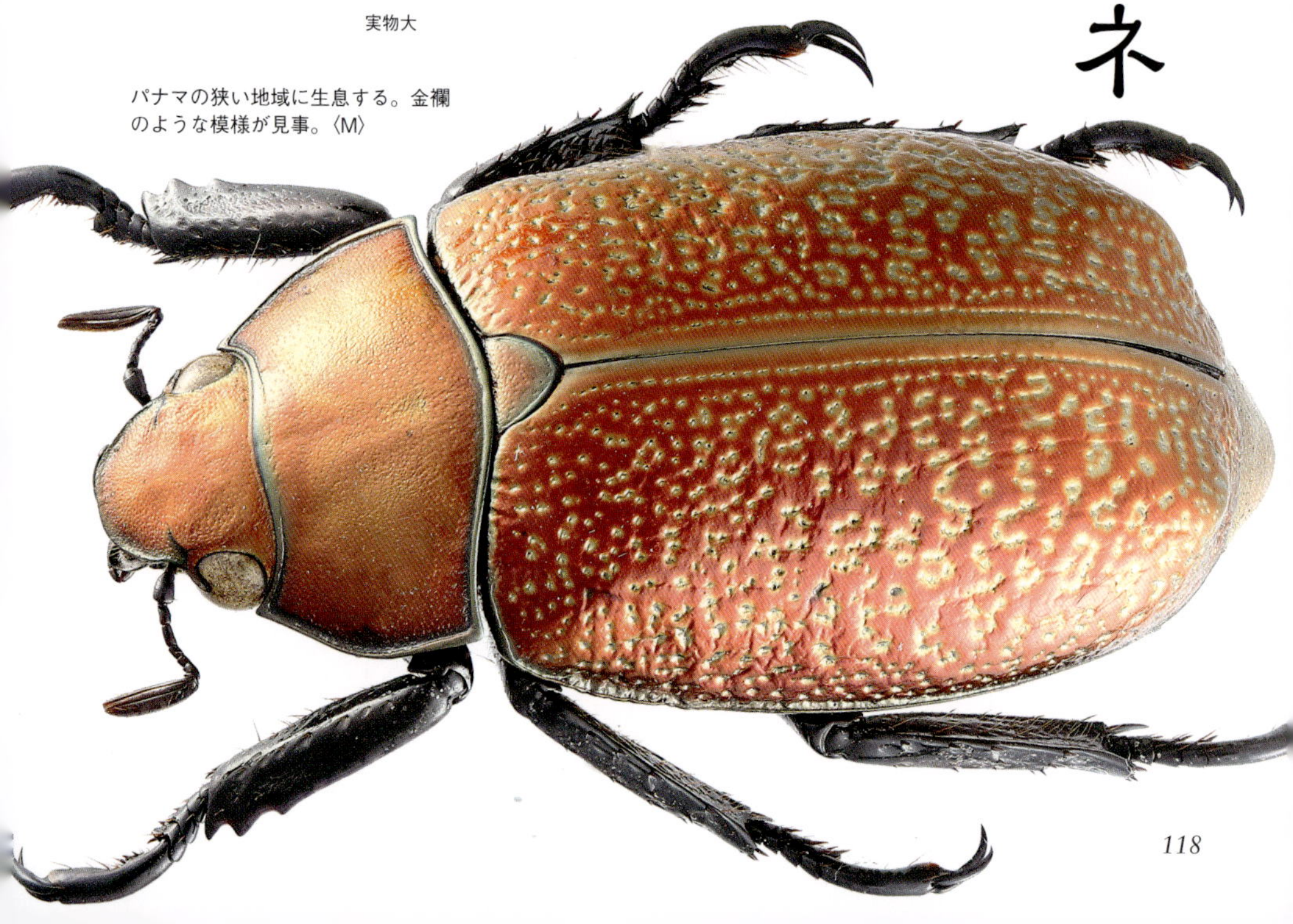

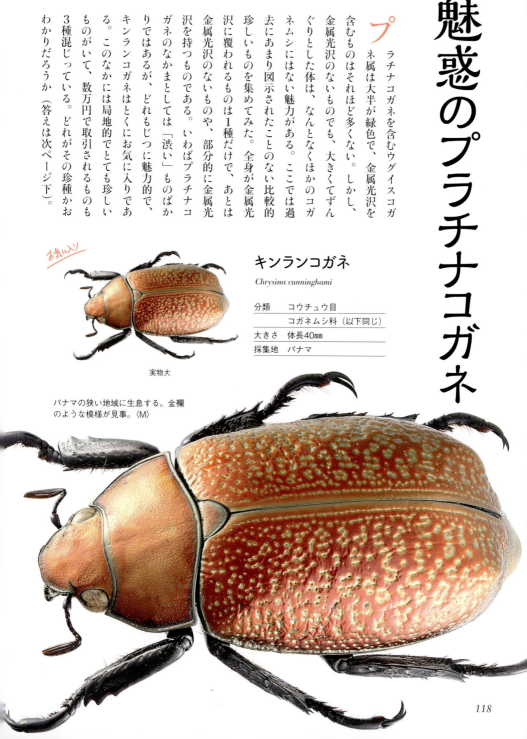

ハババビロウグイスコガネ（桃色型）

Chrysina modesta

大きさ　体長35㎜

採集地　メキシコ

ずんぐりして大きい。〈M〉

ヘリキンコガネ

Chrysina auropunctata

大きさ　体長35㎜

採集地　グアテマラ

翅の周縁だけが鏡のように銀色に光る。〈M〉

キンモンウグイスコガネ

Chrysina spectabilis

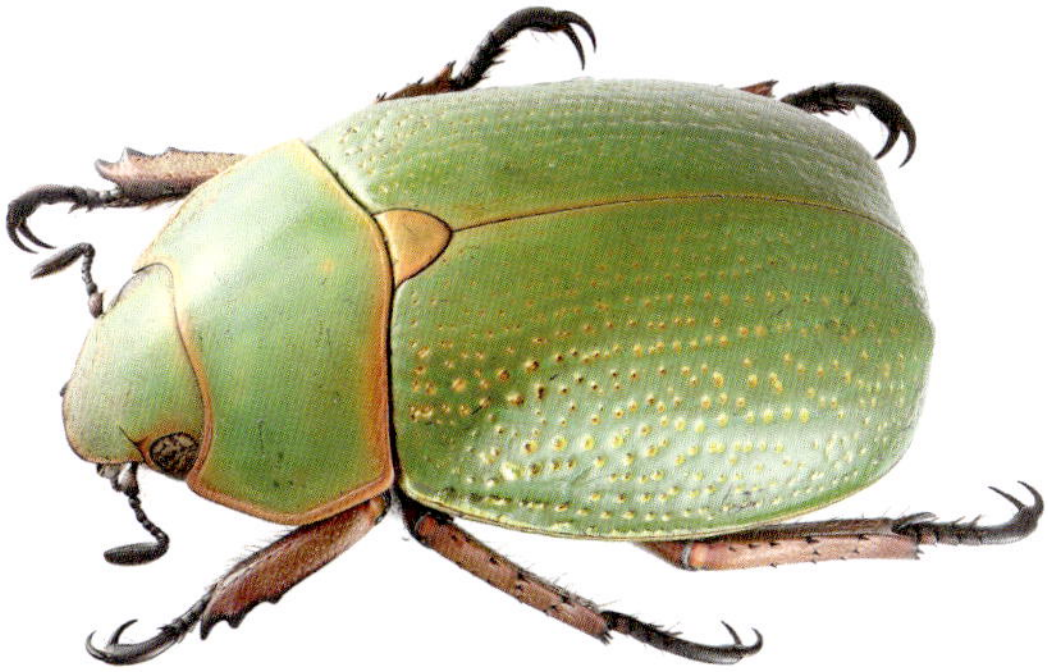

大きさ　体長39㎜

採集地　ホンジュラス

翅の点刻の一つ一つが金色に彩られる。〈M〉

ドドメイロコガネ

Chrysina purulhensis

大きさ　体長32㎜

採集地　グアテマラ

ピンク色が愛らしい。〈M〉

キンギンコガネ（赤金色型）

Chrysina chrysargyrea

大きさ　体長30㎜

採集地　コスタリカ

通常は銀色だが、このような赤と金が混じったようなものもいる。〈M〉

答え：キンランコガネ、ヘリキンコガネ、ドドメイロコガネ

ブローチのようなカメノコハムシ

ハムシというのは植物を食べる甲虫の一群で、体の中に苦い物質や毒のある物質を蓄えているためか、それを誇示するかのように、派手な色彩のものが多い。カメノコハムシのなかまは葉にぴたりと貼りつくように薄べったい姿をしており、その名のとおり亀のように脚を体の下に仕舞うことができる。小さいながらに美しいものが多く、まるで宝石のようである。ただし、この色彩は生きているときだけで、死んで水分が抜けると、緑色は黄色く退色し、金色は煤けた茶色に変わってしまう。これらの色彩は標本になっても残るようであれば、きっと収集家に人気の昆虫になったであろうが、そうでないのはこの虫にとっては幸いなことなのかもしれない。日本にもサクラの葉などを食べるセモンジンガサハムシやヒルガオにつくジンガサハムシなどの美麗種が身近にいるので、どうか探してみて欲しい。

不思議な模様。〈Ko〉

マルキンジンガサハムシ

Plagiometriona sp.

分類　コウチュウ目ハムシ科（以下同じ）
撮影地　フランス領ギアナ

ラデンカメノコハムシ

Cassida sp.

撮影地　ケニア

螺鈿細工のよう。〈Ko〉

ヒトツメジンガサハムシ

Ischnocodia annulus

撮影地　ペルー

笑った一つ目小僧の顔のよう。〈Ko〉

お気に入り

セモン
ジンガサハムシ

Cassida versicolor

撮影地　日本

サクラの葉にふつうに見られる。〈Ko〉

オパール
カメノコハムシ

Cassida sp.

撮影地　カメルーン

オパールのようなきらめき。〈Ko〉

私が見つけた！

うれしい新種

種名

ニセツヤケシヒゲブトハネカクシ

Aleochara segregata Yamamoto & Maruyama, 2012

（ハネカクシ科）

発見者

山本周平

九州大学大学院 生物資源環境科学府
博士課程3年

ニセツヤケシヒゲブトハネカクシ。

知られている全生物種の半分以上を占めるほど昆虫類は多種多様だが、いわゆる海浜環境に適応したものはきわめて少ない。これは塩分や乾燥などを要因として、昆虫が進出するのが難しい環境であるからといわれている。大学の学部生のときに研究していたのはまさに海浜に生息する、ハネカクシと呼ばれる甲虫のなかまだった。

ツヤケシヒゲブトハネカクシのなかまは海岸に生息し、漂着した海藻などに発生するハエを捕食する。北海道から沖縄まで野外調査を行い、博物館から膨大な標本を借用した結果、日本には3新種を含む5種が分布することが判明した。地味な研究なようだが、背後には面白さが隠れている。これまで近縁種は北米大陸に3種、ヨーロッパから2種、そして東アジアから2種が知られているのみだった。本研究によって、日本は世界で最もツヤケシヒゲブトハネカクシ類の多様性が豊かな地域になった。

また、北海道から九州までごく普通に見られるツヤケシヒゲブトハネカクシには予想外の2種が含まれており、片方を新種ニセツヤケシヒゲブトハネカクシとして発表した。今でも近所の海岸に出かけた際は思わず海藻をひっくり返し、新種を探してしまう。

論文は動物分類学の専門誌*Zootaxa*に掲載され、著名なイギリスの新聞ガーディアンでも紹介された。研究冥利につきる瞬間である。

写真／本人提供（2点とも）

種名

ハラアカホソクロコメツキ

Ampedus (Ampedus) shiratoriensis Arimoto, 2013

（コメツキムシ科）

発見者

有本晃一

九州大学大学院 生物資源環境科学府
博士課程3年

大学生活3年目の冬。熊本県の山中で、カツラの巨木の中から見慣れない虫を発見した。これが私の人生で初めての新種発見であった。

コメツキムシは海浜から高山までさまざまな環境に生息する多様な甲虫のなかまである。私はいろいろな場所に赴き、さまざまな採集法を実践して、このなかまを収集していた。学部時代には、冬季の材割り採集に力を注いでいた。昆虫採集といえば夏を連想するが、冬には越冬のため朽木のなかや樹皮の下に多くの虫が集まっており、珍しい種を発見できる千載一遇の機会となる。そんな活動を続ける中、昆虫採集によくかよっていた山で謎のコメツキムシを発見した。

この虫の正体を調べるのには時間を要したが、次の冬が来る頃には新種であることは確信となっていた。そこで追加の個体を得るべく調査を続け、この虫は福岡県、大分県、宮崎県、鹿児島県にも広く分布していることが明らかとなった。そして翌年、晴れてこの虫に名前をつけて論文にまとめ発表した。自分が住む日本に、県に、行ったことのある山に新種がいた。そして、それを自身が発見し、名前をつけたのだ。身近な未知との遭遇は、驚愕と歓喜と、何より面白さに満ちていた。

私は春や夏にこの虫の姿を見たことがない。この虫が普段どこで何をしているのかは、いまだ知られていないのだ。ああ、未知のなんと魅力的なことか。

ハラアカホソクロコメツキ。

写真／本人提供（2点とも）

私が見つけた！
うれしい新種

2016 年のケニア調査にて。

種名

ヒョウタンシロアリコガネ

Eocorythoderus incredibilis Maruyama, 2012

（コガネムシ科）

発見者

丸山宗利

九州大学総合研究博物館

２０１２年のカンボジア調査は実り多いものだった。音楽家の知久寿焼さんのご案内で、知久さんが行き慣れたアンコールワット周辺にツノゼミを採りに行くのが目的だったのだが、最終日の一日だけ、シロアリの巣を掘ってみた。

崖をくずしてキノコを育てるシロアリの「畑（菌園）」を掘り出し、そこに居候する甲虫を探していたのだが、あるとき、ふと見るとシロアリが黒いものを咥えていることに気づいた。そこで私は一瞬にしてひらめいた。アフリカやインドに生息するシロアリコガネ族 Corythoderini のなかまではないかと。まさに青天の霹靂だった。インドから遠く離れたカンボジアにこのなかまはいるとはまったく予想しなかったのである。しかも、古い文献を穴があくほど読み、いつかアフリカやインドで自分で採集したいと思っていた憧れの分類群でもあったのだ。

既知の属はすべて頭の中に入っている。あわててシロアリから奪うようにして採集して、手のひらに乗せてじっくり見てみると、既知のどの属にもあてはまらない。つまり、新属新種であることがわかった。帰国後にすぐに論文執筆にとりかかったが、興奮は冷めやらなかった。そして、採集時の驚きの気持ちの記念に、種名にはラテン語で「信じられない」という意味の *incredibilis* と名づけた。

この年には世界最小のコガネムシである（Ｐ32参照）メクラミジンシロアリコガネも採集することができ、これも同じくらいに嬉しく、感動的だった。そして、２０１５年、学生の柿添君がその同属の大型の新種（ビーナスメクラシロアリコガネ）を採集したのだが（Ｐ36参照）、なんとその巣は私がヒョウタンシロアリコガネを採集したのと同じもので、私はその種を見落としていたのである。私が気をつけてさえいれば先に採ったのにと、なんとも悔しい思いもしたが、こんなに良い思いをし続けておきながら欲張りというものだろうか。

ヒョウタンシロアリコガネ。

シロアリに咥えられるヒョウタンシロアリコガネ。

写真／本人提供（3点とも）。

丸山宗利　まるやま むねとし

1974年東京生まれ。北海道大学大学院農学研究科博士課程修了。博士（農学）。九州大学総合研究博物館助教。国立科学博物館（日本学術振興会特別研究員）、シカゴ・フィールド自然史博物館などを経て現職。アリやシロアリと共生する昆虫の分類学が専門。著書に『世界甲虫大図鑑』（日本語版監修、東京書籍）、『きらめく甲虫』（幻冬舎）、『昆虫はすごい』（光文社新書）、『アリの巣の生きもの図鑑』（共著、東海大学出版部）など多数。

新種発見エッセイ　有本晃一、今田弓女、柿添翔太郎、金尾太輔、屋宜禎央、山本周平

撮影・写真協力　柿添翔太郎、小松 貴、島田 拓、吉田攻一郎

同定協力　大原直通、小島弘昭、小松謙之、林 正人、山崎和久、吉武 啓

標本協力　九州大学総合研究博物館、烏山邦夫

校閲協力　亀澤 洋

だから昆虫《こんちゅう》は面白《おもしろ》い

くらべて際立《きわだ》つ多様性《たようせい》

2016年8月31日　第1刷発行

著者　丸山宗利《まるやまむねとし》

編集　ごとう企画
ブックデザイン　SPAIS（山口真里　宇江喜桜　熊谷昭典）

発行者　千石雅仁
発行所　東京書籍株式会社
東京都北区堀船2-17-1　〒114-8524
03-5390-7531（営業）／03-5390-7505（編集）
http://www.tokyo-shoseki.co.jp

印刷・製本　図書印刷株式会社

ISBN978-4-487-81004-8 C0045

乱丁・落丁の場合はお取り替えいたします。
本体価格はカバーに表示してあります。